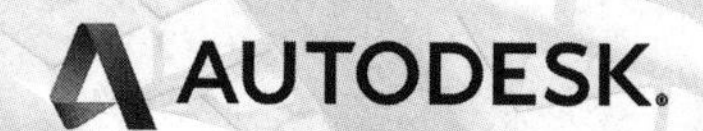

BIMChina 柏慕中国
建筑梦想现实

全国高校建筑类专业数字技术系列教材　Autodesk 官方推荐教程系列　ATC 推荐教程系列

BIM 精装修设计 Revit 基础教程

REVIT BASIC COURSE: REFINED DECORATION DESIGN BY BIM

主　编　钟新平　詹旭军
副主编　张　勇　武　捷　冷浩然

中国建筑工业出版社

图书在版编目（CIP）数据

BIM精装修设计Revit基础教程／钟新平，詹旭军主编．北京：中国建筑工业出版社，2019.9（2022.7重印）

全国高校建筑类专业数字技术系列教材 Autodesk官方推荐教程系列 ATC推荐教程系列

ISBN 978-7-112-23964-1

Ⅰ．①B… Ⅱ．①钟…②詹… Ⅲ．①建筑装饰－建筑设计－计算机辅助设计－应用软件－高等学校－教材 Ⅳ．①TU238-39

中国版本图书馆CIP数据核字（2019）第137894号

《BIM精装修设计Revit基础教程》总共分为6个章节，从建设行业背景到具体的工程案例，从理论概论到实际操作，全流程讲解在BIM精装设计过程中Revit软件以及柏慕2.0产品的运用，不仅有模型搭建、图纸深化、工程清单的计算，还有配有模型渲染和成果展示，满足读者在设计过程中的基本需求。

责任编辑：陈 桦 柏铭泽
责任校对：姜小莲

全国高校建筑类专业数字技术系列教材
Autodesk官方推荐教程系列
ATC推荐教程系列

BIM精装修设计Revit基础教程

主 编 钟新平 詹旭军
副主编 张 勇 武 捷 冷浩然
*
中国建筑工业出版社出版、发行（北京海淀三里河路9号）
各地新华书店、建筑书店经销
北京雅盈中佳图文设计公司制版
北京云浩印刷有限责任公司印刷
*
开本：787×1092毫米 1/16 印张：7¾ 字数：169千字
2019年9月第一版 2022年7月第二次印刷
定价：29.00元
ISBN 978-7-112-23964-1
（34118）

本系列丛书编委会

（按姓氏笔画排序）

前言

随着 BIM 技术的应用推广，高校的 BIM 教育也日渐普及，各类 BIM 教材也陆续出版发行。如何使得我们的高校教育能够和 BIM 技术的发展与时俱进；同时能够学以致用参与到真实项目中，创造更多的社会价值；如何使 BIM 教学与实践及科研密切结合，培养更多符合社会发展需求的 BIM 应用型人才？这三方面都成为高校 BIM 教育急需解决的问题。

北京柏慕进业工程咨询有限公司（以下简称柏慕），作为教育部协同育人项目合作单位，是历年中国 Revit 官方教材编写单位，中国第一家 BIM 咨询培训企业和 BIM 实战应用及创业人才的黄埔军校，针对以上三个高校 BIM 教育需求，组织开展了以下三个方面的工作，寻求推动高校 BIM 教育的可持续发展！

第一方面，在高校教育与 BIM 技术发展的与时俱进上：BIM 技术发展到今天，已经形成了正向设计全专业出图，自动生成国标实物工程量清单，同时可以应用模型信息进行设计分析，施工四控管理及运维管理的建筑全生命周期的应用体系，而不再是简单的 Revit 建模可视化和管线综合应用。

实现 BIM 技术的体系化应用，不仅需要模型的标准化创建，还需要实现模型信息的标准化管理。针对国家 BIM 标准只是指明了模型信息的应用方向，采用例举法说明了信息的各项应用。但是在具体工程应用中信息参数需要逐项枚举，才能保证信息统一。因此柏慕与清华大学的马智亮教授及其博士毕业生联合成立了 BIM 模型 MVD 数据标准的研发团队，建立建筑信息在各阶段应用的数据管理框架结构，并采用枚举法逐项例举信息参数命名。此研究成果对社会完全开放；在模型的标准化上，柏慕历经七年完成的国标建筑材料库及民用建筑全专业通用族库也面向社会开放。

BIM 标准化体系化的应用更需要高校教育的参与！所以柏慕与中国建筑工业出版社携手合作，组织了全国 170 余所高校教师参与了本套教材的编写审稿工作，以柏慕历年的实操经典案例结合教师专家团队的专业知识讲解，在建模规则上采用国内 BIM 应用先进企业普遍认同的三道墙（基墙与内外装饰墙体分别绘制），三道楼板（建筑面层与结构楼板及顶棚做法分别绘制）的建模规则，在建筑材料和构件的选用上调用柏慕族库，保证了 BIM 模型的标准统一及体系化应用的基础！ BIM 模型的出图算量与数据管理的有机统一，保证了高校 BIM 教育的技术先进性！技术应用的先进性也保证了学生学习与就业的质量！

本套教材第一批出版的五本属于基础教材系列，包含建筑、结构、设备、园林景观、装修五大部分，同时配有完整操作的视频教程。视频总计 80 个学时，建议全部学习，可以根据不同学校的情况分别设为必修课、选修课或课后作业等，也可以结合毕业设计开展多专业协同。同时本系列教材包括识图、制图实操及专业基础知识等，可以作为其他专业教材的实操辅助训练。此外，全部学完此系列基础教材，完成作业，即可具备参与柏慕组织的各类有偿社会实践项目的资格。

第二方面，如何能够使高校师生学以致用参与到真实项目中创造更多社会价值？

本系列教材的出版只是实现了技术普及，工科教育的项目实践环节至关重要！在项目实践方面，现代师徒制的传帮带体系很重要。

对高校的 BIM 项目实践，作为使用本系列教材的后续支持，柏慕提供了两种解决方案。对有条件开展项目实训的学校，柏慕派驻项目经理驻校半年到一年，帮助学校建立 BIM 双创中心，柏慕每年提供一定数量的真实项目，带领学生进行真题假做训练及真题真做或者毕业设计协同的项目实训，组织同学进行授课训练，在学校内外开展宣传，组织各类研讨活动，开展 BIM 认证辅导培训，项目接洽及合同谈判，真题真做的项目计划及团队分工协作及管理等各类 BIM 项目经理能力培养；对没有条件开展项目实训的学校，柏慕与高校合作开展各类师生 BIM 培训，发现有志于创业的优秀学员，选送柏慕总部实训基地集中培养半年到一年，学成后派回原学校开展 BIM 创业。每个创业团队都可以带 20~50 名学生参与项目实践，几年下来，以项目实践为基础的现代师徒制传帮带的体系就可以在高校生根发芽，蓬勃发展！

授人鱼不如授人以渔。柏慕提供的 BIM 人才培养模式使得高校的 BIM 教育具备了自我再生造血的机制，从而实现可持续发展！

高校对创新创业团队具备得天独厚的吸引力：上有国家政策支持，下有场地，有设备，更有一大批求知实践欲望强烈的学生和老师。BIM 技术的人才缺口，正好给大家提供了良好的机遇！

第三方面，如何使 BIM 教学与实践及科研密切结合，培养更多符合社会发展需求的 BIM 应用型人才？

通过本系列高校 BIM 教材的推广使用及推进高校 BIM 双创基地建设，我们在全国各地就具备了一大批能够参与 BIM 项目实践的团队。全国大学每年毕业生有七百多万，全国建筑类院校有两千多所每年的毕业生也是近百万，如何加强学校间的内部交流学习，与社会企业的横向课题研究及项目合作包括就业创业也都需要一个项目平台来维系。BIM 作为一个覆盖整个建筑产业的新技术，柏慕工场——BIM 项目外包服务平台应运而生！它包括发布项目、找项目、柏慕课堂、人才招聘及就业、创业工作室等几大版块，通过全国 BIM 项目共享，开展全国大赛、各地研讨会及人才推荐会，为高校 BIM 教育的产学研合作搭建桥梁。

总而言之，我们希望通过本系列 BIM 教材的出版、材料库及构件库及数据标准共享，实现统一的模型及数据标准，从而实现全行业协同及异地协同；通过帮助高校建立 BIM 双创基地，引入项目实践必需的现代师徒制的传帮带体系，使得高校的 BIM 教育具备了自我再生造血的机制，从而实现可持续发展；再通过柏慕工场项目外包平台实现聚集效应，实现品牌、技术、项目资源、就业及创业的资源整合和共享，搭建学校与企业之间的项目及人才就业合作桥梁！

互联网共享经济时代的来临，面对高校 BIM 教育的机遇和挑战，谨希望以此系列教材的出版，以及后续高校 BIM 双创基地建设和柏慕工场的平台支持，推动中国 BIM 事业的共享、共赢、携手同行！

黄亚斌

2019 年 5 月

目 录

第 1 章　Autodesk Revit 及柏慕软件简介

1.1　Autodesk Revit 简介

Autodesk Revit（简称 Revit）是 Autodesk 公司一套系列软件的名称。Revit 系列软件是专为建筑信息模型（BIM）构建的，可帮助建筑设计师更好地设计、建造和维护质量更好、能效更高的建筑。Revit 是我国建筑业 BIM 体系中使用最广泛的软件之一。

1.1.1　Revit 软件

Revit 是提供支持建筑设计、MEP 工程设计和设计工程的软件工具。

Revit 软件可以按照建筑师的思考方式进行设计，因此有助于提供更高质量、更加精确的建筑设计。通过使用专为支持建筑信息模型工作流而构建的 Revit 工具，其强大的建筑设计能力可帮助使用者捕捉和分析概念，以及保持从设计到建筑的各个阶段信息的一致性。

Revit 向暖通、电气和给排水（MEP）专业工程师提供工具，可以设计出复杂的建筑系统。Revit 支持建筑信息建模（BIM），可以导出更高效的建筑系统从概念到精确设计、分析文档等数据，使用信息丰富的模型在整个建筑生命周期中支持建筑系统。它也是为暖通、电气和给排水（MEP）工程师构建的工具，可帮助使用者设计和分析高效的建筑系统以及为这些系统编档。

Revit 软件也为结构工程师提供了工具，可以更加精确地设计和建造高效的建筑结构。为支持建筑信息建模（BIM）而构建的 Revit 可帮助大家掌握智能模型，通过模拟和分析深入了解项目，并在施工前预测性能。使用智能模型中固有的坐标和一致信息，提高文档设计的精确度。专为结构工程师构建的工具可帮助使用者更加精确地设计和建筑高效的建筑结构。

1.1.2　Revit 样板

项目样板文件在实际设计过程中起到非常重要的作用，它统一的标准设置为设计提供了便利，在满足设计标准的同时大大提高了设计师的效率。

项目样板文件提供项目的初始状态。每一个 Revit 软件中都提供几个默认的样板文件，也可以创建自己的样板。基于样板的任意新项目均继承来自样板的所有族、设置（如单位、填充样式、线样式、线宽和视图比例）以及几何图形。样板文件是一个系统性文件，其中的很多内容来源于设计过程中的日积月累。

Revit 样板文件以 .Rte 为扩展名。使用合适的样板，有助于快速开展项目。国内比较通用的 Revit 样板文件，例如 Revit 中国本地化样板，它有集合国家规范化标准和常用族等优势。

1.1.3 Revit 族库

Revit 族库就是把大量 Revit 族按照特性、参数等属性分类归档而成的数据库。相关行业企业或组织随着项目的开展和深入，都会积累一套自己独有的族库。在以后的工作中，可直接调用族库数据，并根据实际情况修改参数，提高工作效率。Revit 族库可以说是一种无形的知识生产力。族库的质量，是相关行业企业或组织的核心竞争力的一种体现[1]。

1.2 柏慕标准化应用体系介绍

1.2.1 柏慕软件产品特点

柏慕软件——BIM 标准化应用系统产品是一款非功能型软件，固化并集成了柏慕 BIM 标准化技术体系，经过数十个项目的测试研究，基本实现了 BIM 材质库、族库、出图规则、建模命名规则、国标清单项目编码以及施工运维的各项信息管理的有机统一，它提供了一系列功能，涵盖了 IDM 过程标准，MVD 数据标准，IFD 编码标准，并且包含了一系列诸如工作流程、建模规则、编码规则、标准库文件等，使得 Revit 支持我国建筑工程设计规范，且可以大幅度提升设计人员工作效率，初步形成 BIM 标准化应用体系，并具备以下 5 个突出的功能特点：

1. 全专业施工图出图；
2. 国标清单工程量；
3. 导出中国规范的 DWG；
4. 批量添加数据参数；
5. 施工、运维信息标准化管理。

1.2.2 柏慕标准化库文件介绍

柏慕标准化库文件共四大类，分别为“柏慕材质库”“柏慕贴图库”“柏慕构件族库”“柏慕系统族库”。

1. 柏慕材质库

柏慕材质库对常用的材质和贴图进行了梳理分类，形成柏慕土建材质库、柏慕设备材质库和柏慕贴图库。柏慕材质库中土建部分所有的材质都添加了物理和热度参数，此参数参考了 AEC 材质、《民用建筑热工设计规范》GB50176—93[2] 和鸿业负荷软件中材质编辑器中的数据。材质参数中对材质图形和外观进行了设置，同时根据国家节能相关资料中的材料表重点增加物理和热度参数，便于节能和冷热负荷计算，如图 1-1 所示。

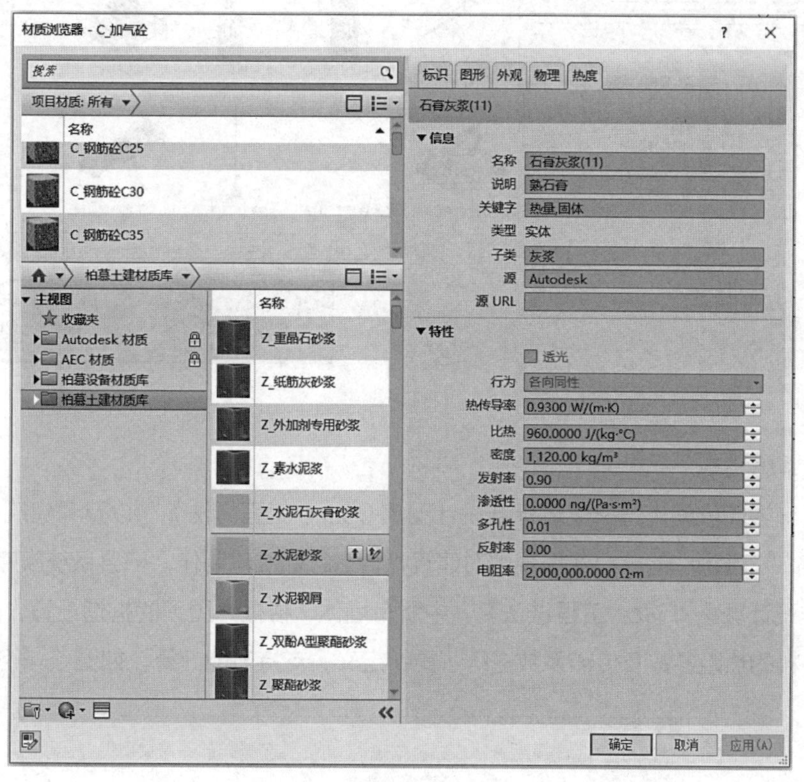

图1-1

2. 柏慕贴图库

柏慕贴图库按照不同的用途划分，为柏慕材质库提供了效果支撑，便于后期渲染及效果表现，如图 1-2 所示。

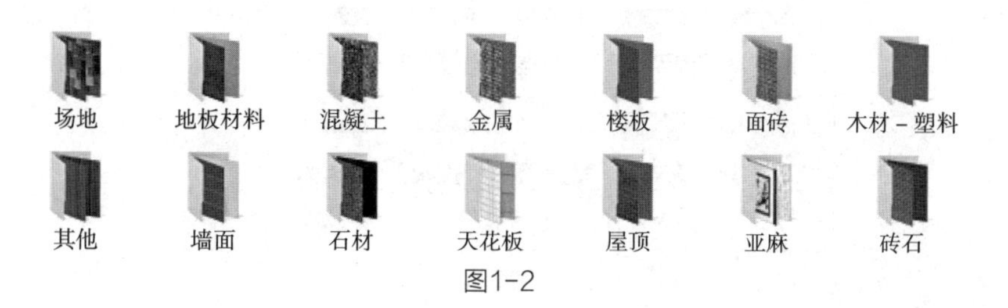

图1-2

3. 柏慕构件族库

柏慕构件族库依据《建设工程工程量清单计价规范》GB50500—2013[3] 对族进行了重新分类，并为族构件添加项目编码，所有族构件依托 MVD 数据标准添加设计、施工、运维阶段标准化共享参数数据，为打通全生命周期提供了有力的数据支撑。

柏慕族库实现云存储，由专业团队定期更新族库，规范族库标准，如图 1-3 所示。

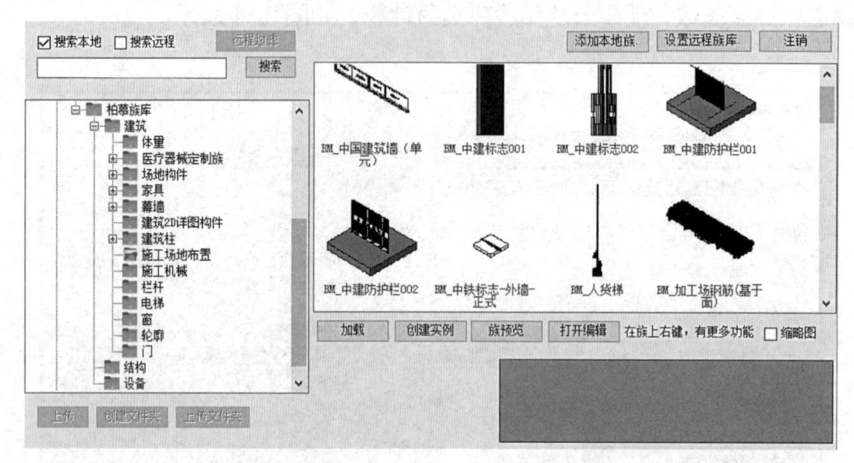

图1-3

4. 柏慕系统族库

柏慕系统族库依据《国家建筑标准设计图集 05Jco 工程做法》[4] 以及“建筑、结构双标高”“三道墙”“三道板”的核心建模规则对建筑材料进行标准化制作。柏慕系统族库涵盖了《国家建筑标准设计图集 05Jco 工程做法》[4] 中所有墙体、楼板、屋顶的构造设置，同时依据图集对所有材料的热阻参数及传热系数进行了重新定义，支持节能计算，如图 1-4 所示。

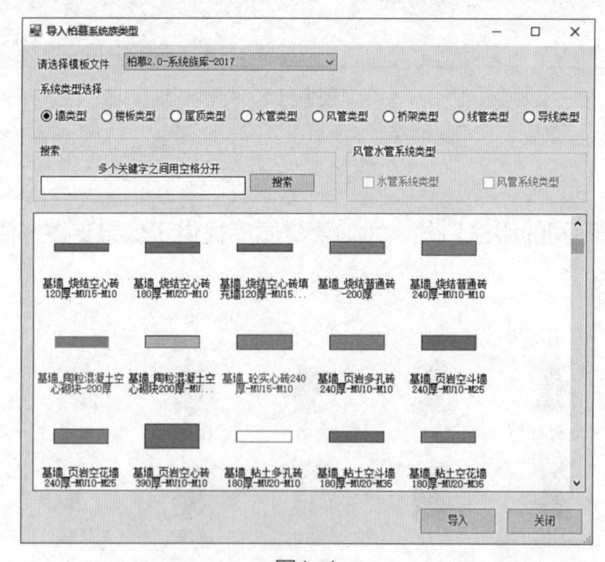

图1-4

柏慕系统族库中包含有标准化“水管类型”“风管类型”“桥架类型”“电气线管类型”以及“导线类型”，并包含相应系统类型，为设备模型搭建提供标准化材料依据，如图 1-5 所示。

图1-5

1.2.3　柏慕软件工具栏介绍

1. 新建项目

柏慕软件中包含 3 个已制定好的项目样板文件，分别为“全专业样板”“建筑结构样板”“设备综合样板”，在插件命令中可以新建基于此样板为基础的项目文件，样板中包含了一系列统一的标准底层设置，为设计提供了便利，在满足设计标准的同时大大提高了设计师的效率，如图 1-6 所示。

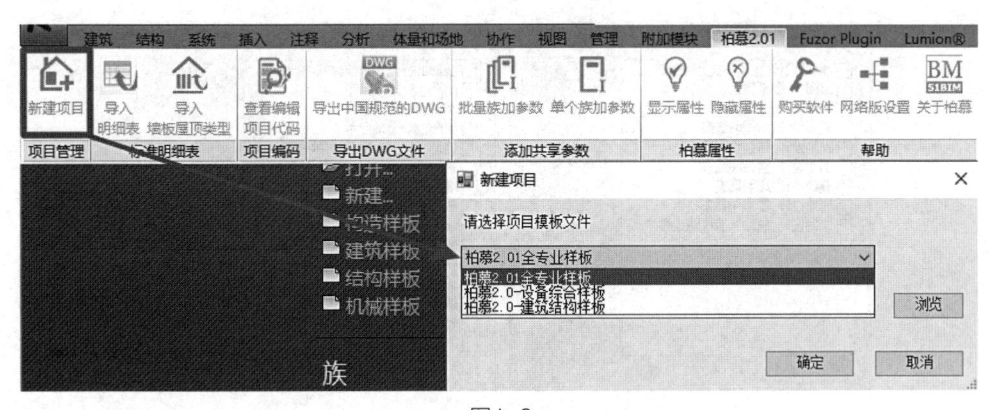

图1-6

2. 导入明细表功能

“导入明细表”功能中，设置四大类明细表，分别为“国标工程量清单明细表”“柏慕土建明细表”“柏慕设备明细表”“施工运维信息应用明细表”，共创建了 165 个明细表，如图 1-7 所示。

明细表应用：

1）柏慕土建明细表及柏慕设备明细表应用于设计阶段，主要有“图纸目录”“门窗表”“设备材料表”及“常用构件”等用来辅助设计出图。

2）国标工程量清单明细表主要应用于算量。依据《建筑工程量清单计价规范》GB 50500—2013[3]，优化 Revit 扣减建模规则，规范 Revit 清单格式。

3）施工运维信息应用明细表主要是结合“施工”“运维阶段”所需信息，通过添加“共享参数”，应用于施工管理及运营维护阶段，如图 1-7 所示。

3. 导入墙板屋顶类型功能

导入柏慕系统族类型中，土建系统族类型共 3 种，分别为“墙类型”“楼板类型”“屋顶类型”，

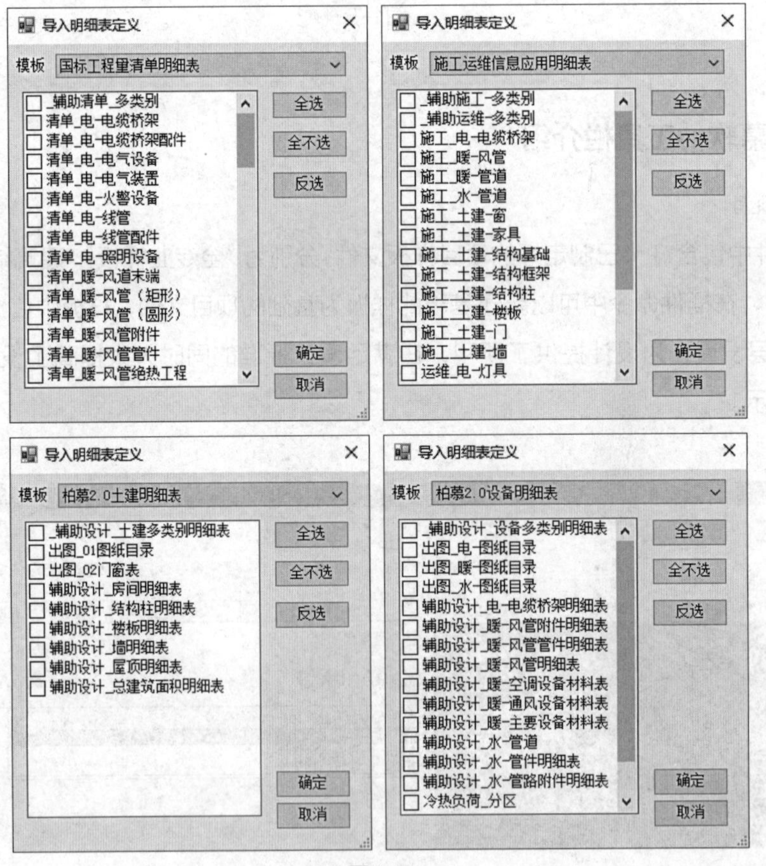

图1-7

设备系统族类型中，共有 5 种，分别为“水管类型”“风管类型”“桥架类型”“线管类型”以及“导线类型”，如图 1-8 所示。

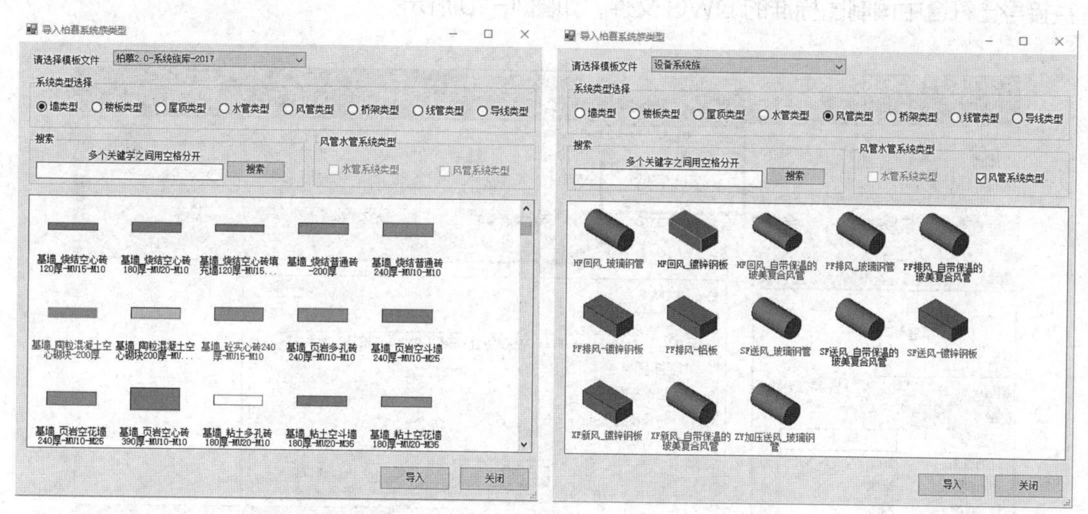

图1-8

4. 查看编辑项目代码

柏慕构件库中，所有构件均包含 9 位项目编码，但每个项目或多或少都需要制作一些新的族构件，通过“查看编辑项目代码”这一命令，查看当前构件的项目编码，且可以进行替换和添加新的项目编码，如图 1-9 所示。

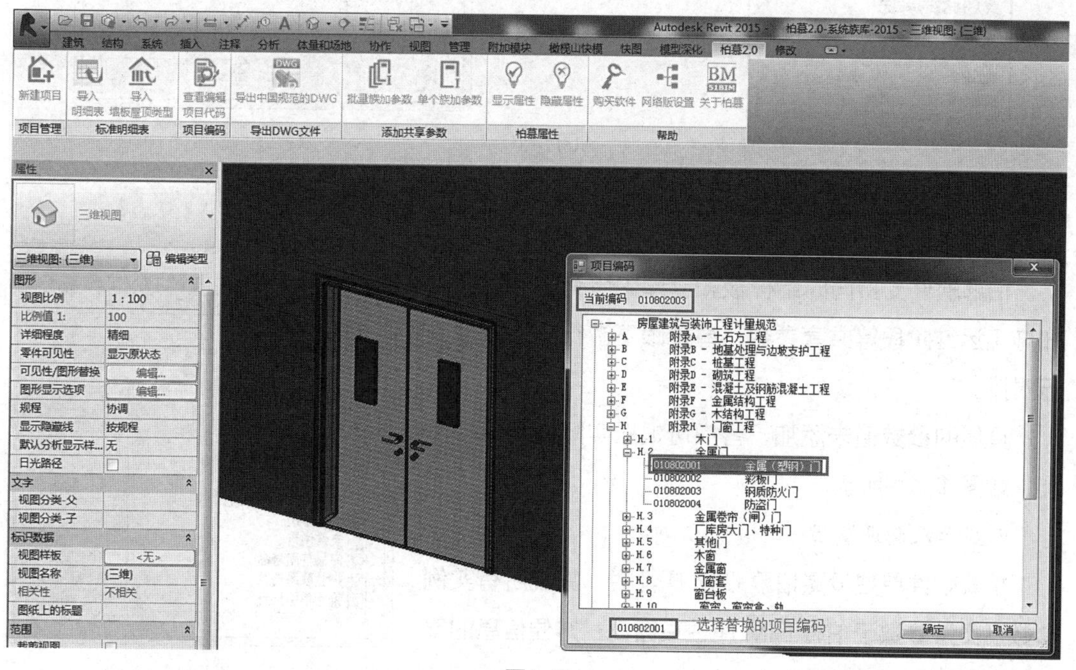

图1-9

5. 导出中国规范的DWG

柏慕软件参考国家出图标准及天正等其他软件，设置“导出中国规范的DWG”这一功能，直接导出符合中国制图标准的DWG文件，如图1-10所示。

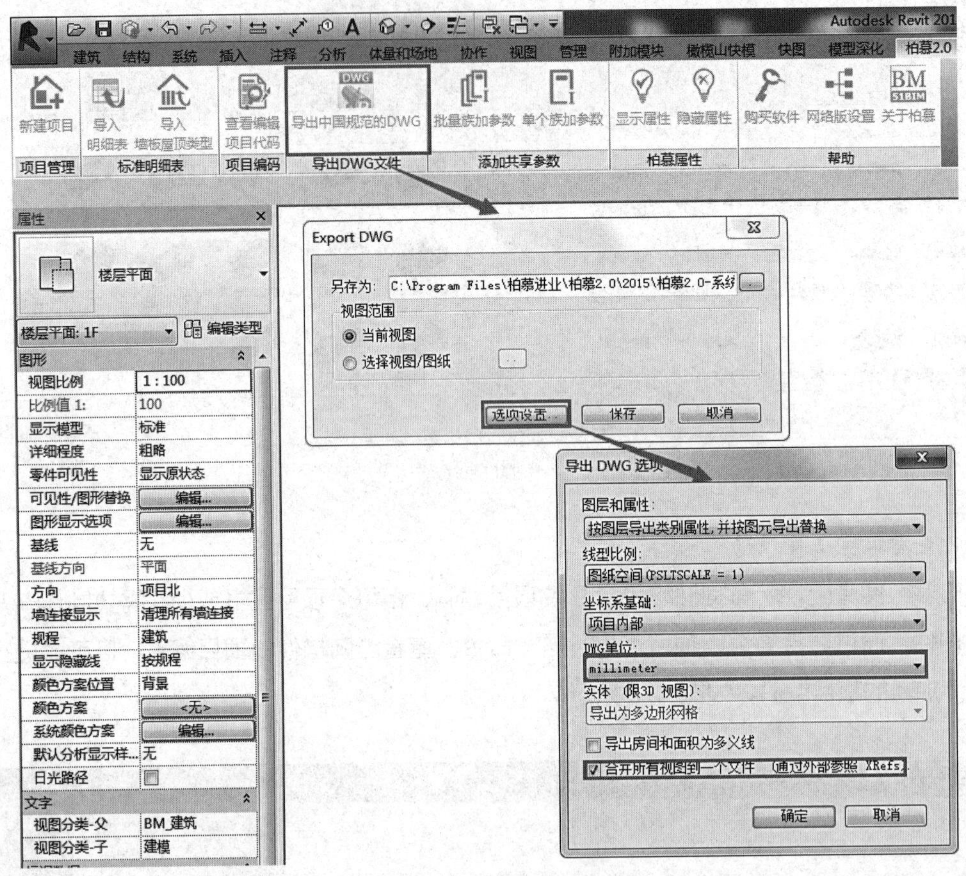

图1-10

6. 批量族加参数

柏慕软件支持同时给样板和族库中所有构件批量添加施工运维阶段等共享参数，直接跟下游行业的数据进行对接。

具体的参数值未添加，客户可根据实际项目自行添加，如图1-11所示。

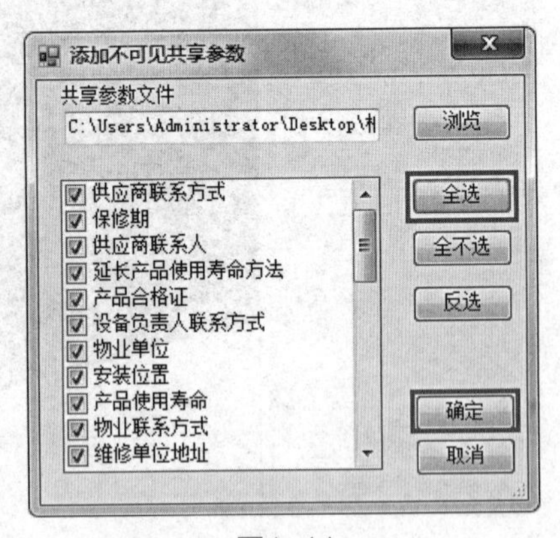

图1-11

7. 显示及隐藏属性

柏慕软件单独设置柏慕BIM属性栏，集成所有实例参数及类型参数于柏慕BIM属性栏窗口，方便信息的集中管理，如图1-12所示。

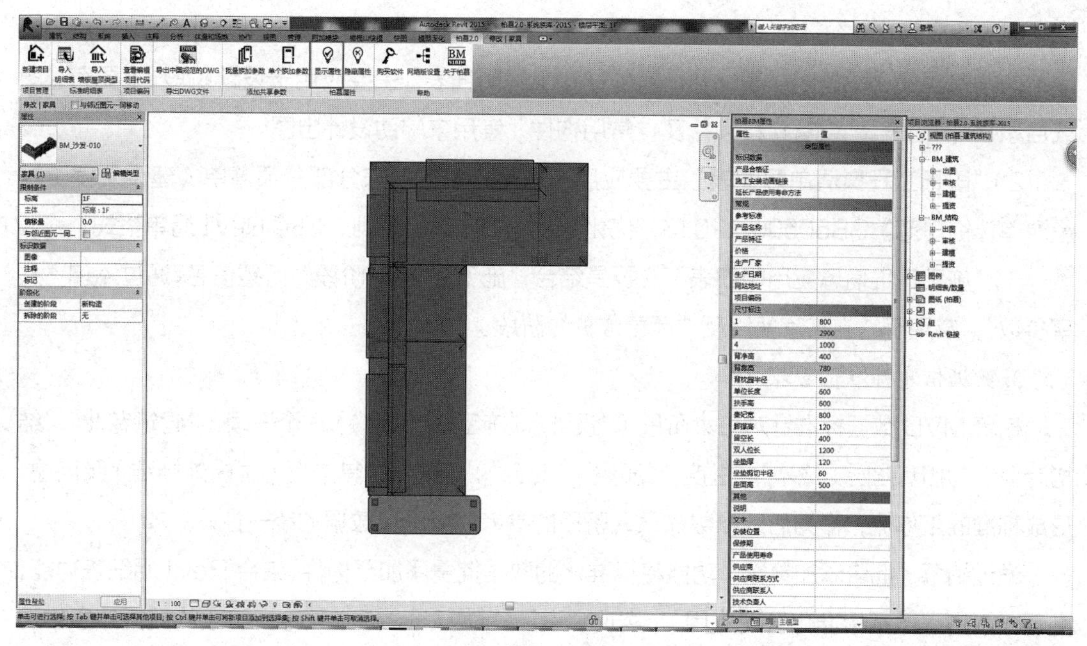

图1-12

1.2.4　柏慕 BIM 标准化应用

1. 全专业施工图出图

柏慕标准化技术体系支持 Revit 模型与数据深度达到 LOD500。建筑、结构、设备各系统分开，分层搭建的标准化建模规则满足各应用体系对模型和数据的要求。设计模型满足各专业出施工图、管线综合、室内精装修。标准化模型及数据具备可传递性，支持对模型深化应用，包括但不限于幕墙深化设计、钢结构深化设计，机电安装图、施工进度模拟等应用。同时直接对接下游行业（如概预算、施工、运维）模型应用需求。

1）设计数据：直接出统计报表和计算书；

2）数据深化应用：模型构件均包含项目编码、产品信息、建造信息、运维信息等，直接对接下游行业（如概预算、施工、运维）信息管理需求；

3）出图与成果：各专业施工图；

4）建筑专业：平、立、剖面，部分详图等；

5）结构专业：模板图、梁、板、柱、墙钢筋施工图；

6）设备专业（水、暖、电）：平面图、部分详图；

7）专业综合：优化设计（包括碰撞检查、设计优化、管线综合等）。

2. 国标工程量清单

柏慕明细表分为："柏慕 2.0 设备明细表""柏慕 2.0 土建明细表""国标工程量清单明细表""施工运维信息应用明细表"4 类明细表，共创建了 165 个明细表。

明细表应用：

1）“柏慕 2.0 设备明细表”及“柏慕 2.0 土建明细表”主要应用于设计阶段，主要有“图纸目录”“门窗表”“设备材料表”及“常用构件”等用来辅助设计出图。

2）“国标工程量清单明细表”主要应用于算量。依据国家分部分项清单《建设工程工程量清单计价规范》GB50500—2013，优化 Revit 扣减建模规则，规范 Revit 清单格式。

3）“施工运维信息应用明细表”主要是结合“施工”“运维阶段”所需信息，通过添加“共享参数”，应用于“施工管理”及“运营维护”阶段。

3. 数据信息标准化管理

柏慕 MVD 数据标准针对三大阶段（“设计”“施工”“运维”），7 个子项（“建筑专业”“结构专业”“机电专业”“成本”“进度”“质量”“安全”）分别归纳其依据（国内外标准）及用途，形成标准的工作流，作为后续参数的录入阶段的参考，以确保数据的统一性。

通过柏慕“批量添加参数”功能将标准化的数据批量添加至构件，结合 Revit 明细表功能，实现一系列“数据标准化管理应用”，实现“设计”“施工”“运维”等多阶段的数据信息传递及应用。

1.2.5 Lumion 介绍

Lumion 是 Act-3D 公司发布的一款实时的 3D 可视化工具，用来制作动画和静帧作品，涉及的领域包括建筑设计、城乡规划等，它也可以传递现场演示。Lumion 的强大就在于它能够提供优秀的图像，并可以将工作流程变得高效、快速，为设计师节省时间、精力和金钱。

使用者能够直接在自己的电脑上创建虚拟现实。渲染速度比以前更快，Lumion 大幅降低了制作时间。演示视频展示使用者可以在短短几秒内就创造惊人的建筑可视化效果。

1. 支持格式

可以导入 SKP、DAE、FBX、MAX、3DS、OBJ、DXF

可以导出 TGA、DDS、PSD、JPG、BMP、HDR 和 PNG 图像

2. 内容库

Lumion 本身包含了一个庞大而丰富的内容库，里面有建筑、汽车、人物、动物、街道、街饰、地表、石头等，共 466 种材质，其中：

1）94 种植物和树木。

2）54 种建筑形态。

3）20 种动画人物。

4）84 种静态人物。

5）147 种人物和动物。

6）71 种汽车，卡车以及船舶。

7）182 种街饰（比如椅子和长凳）。

8）28 种地表。

9）6 种水形态。

动画人物，动画树木，动画植物，动画草木，动画动物

3. 最低配置要求

1）系统：Windows7/8/ 8.1/10 的 64 位操作系统。

2）显卡：NVidia GTX460 或相近 ATI、AMD 等显卡，同时配备最低的 1024MB 显存。

3）内存：最低 4GB 配置。

1.2.6 精装修 BIM 设计推荐流程

1. 精装修设计 BIM 应用宜包括以下内容：

1）精装修设计模型。

2）专业协调与碰撞检查。

3）精装修深化设计中的节点设计。

4）墙顶地装饰造型设计。

5）龙骨排布设计。

6）地砖、家具等构件的预制加工。

7）隐蔽设施设计。

8）工程量统计。

9）施工安装模拟。

2. 在精装修设计 BIM 应用中，宜基于设计文件、施工做法文件等进行精装设计包括：节点设计、工程量统计、平面布置图、立面图、节点图、龙骨排布图、地面铺装图、天花平面图、灯具布置图等（图 1-13）。

3. 模型内容

深化设计过程中，应补充或完善设计阶段未确定的各种龙骨、定制门窗、定制家具、墙顶地装饰面材等模型元素，其内容宜符合表 1-1 的规定。

4. 成果交付

精装修深化设计 BIM 交付成果宜包括以下内容：

1）精装修深化设计模型及图纸。

2）碰撞检查报告。

3）平立面布置模型及图纸。

4）节点模型及图纸。

5）工程量清单。

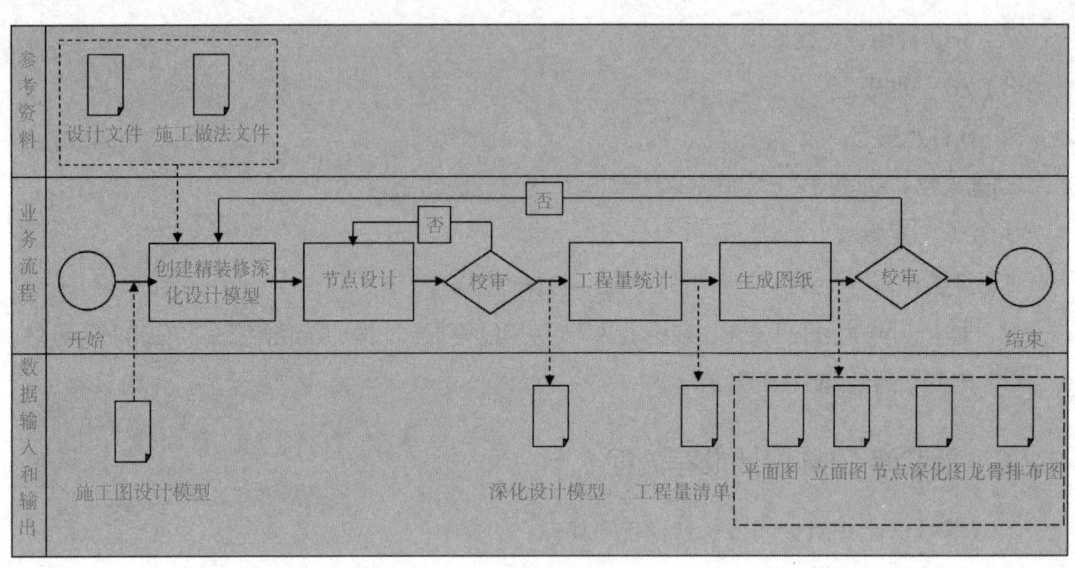

图1-13

精装修设计模型内容 表1-1

BIM应用点		模型元素（构件）	模型信息（几何和非几何信息）
	装修施工图设计模型	装修施工图设计模型元素及信息	
1	龙骨	木龙骨、轻钢龙骨、钢龙骨、铝合金龙骨	几何信息：尺寸、位置、标高、数量等
			非几何信息：构件类型、规格、名称、编码、材料、工程量、生产厂家、技术参数等
2	门窗	木门窗、铝合金门窗、塑钢门窗	几何信息：尺寸、位置、标高、数量等
			非几何信息：构件类型、规格、名称、编码、材料、工程量、生产厂家、技术参数等
3	预制家具	板材家具、实木家具	几何信息：尺寸、位置、标高、数量等
			非几何信息：构件类型、规格、名称、编码、材料、工程量、生产厂家、技术参数等
4	装饰面层	涂料、壁纸、石膏板、吸音板、木饰面、布艺	几何信息：尺寸、位置、标高、数量等
		玻璃饰面、金属饰面、墙地砖、石材、矿棉板、硅酸盖板	非几何信息：构件类型、规格、名称、编码、材料、工程量、生产厂家、技术参数等
5	物理布线	电气管路、给排水管路、燃气管路、采暖管路	几何信息：尺寸、位置、标高、数量等
			非几何信息：构件类型、规格、名称、编码、材料、工程量、生产厂家、技术参数等

6）施工安装模拟动画。

同时使用 Revit+ 柏慕标准化技术体系上述应用均可实现，结合 Lumion 等效果展现软件，将上述内容进行方案展示，从而实现精装修 BIM 设计。

第 2 章　精装修概述

概述：室内工程是建筑设计的重要组成部分，主要包括设计准备阶段、方案设计阶段、施工图设计阶段和设计实施阶段。本章节将结合实例来讲解 BIM 平台下室内相关工作的方法、技巧及流程。BIM 平台下可确保工程信息的高效传递；在招投—设计—施工—决算全过程中，通过客户、设计师及工程师的有效信息交换，达到工作效率和效益的最优化。

2.1　精装修概述

2.1.1　装饰装修与室内设计

我们要理解装饰装修，先要对建筑室内设计有个基本的认知。对于“室内设计”这一概念，《辞海》的解释是：“对建筑内部空间进行功能、技术、艺术的综合设计。根据建筑物的使用性质（生产或生活）、所处环境和相应标准，运用技术手段和造型艺术、人体工程学等知识，创造舒适、优美的室内环境，以满足使用和审美要求。设计的主要内容为室内平面设计和空间组合，室内表面艺术处理，以及室内家具、灯具、陈设的选型和布置等。”在漫长的历史发展进程中，虽然室内设计的称谓经历了数次变更，但是它们所涉及的主要内容和追求的目标却是基本一致的。

“从历史来看，室内设计作为一个独立的设计领域是逐步演化而来的。有建筑就有室内，建筑的根本目的是营造室内空间”。因此室内实际是随着建筑的兴起而产生的，两者具为有不可分离的伴生性。基于此，在过去相当长的历史时期，建筑设计和施工是不分内外的，不仅设计涵盖了室内外，而且施工也连带解决了建筑的内外问题。然而，随着生活水平的提高，人们对室内的使用和精神功能要求越来越高，使室内越来越具备了自身的独特性，传统的设计和施工已难包容所有的室内问题。在这种情况下，由于现代社会分工逐步细密，室内设计和施工就从建筑的设计和施工母体中分离出来，而成为相对独立的工作领域。

在各国文化发展的历史舞台上，室内设计无疑是最为引人注目的行业之一，在行业内外对其使用的名称与概念五花八门，甚至有时到了让人无法辨别的地步。但从总体发展来说，呈现出的是一个由含混到明晰，由简单到复杂，由模糊到精确，由肤浅到深刻的过程。与室内设计紧密相关的概念有：

室内装修，英文为 Inierior Finishnig，指在土建施工完成后的空间内，对顶棚、墙面、地面和结构部件以至照明与通风设备、材料与构造等进行工程技术的综合处理，以达到室内造型上浑然一体的效果。

室内装饰，英文名为 Inieroir Ornament，主要是为了满足视觉艺术要求而进行的一种附加的艺术装修。如对不同部件和界面的细部纹样装饰，以及壁面、雕塑等的设置。它除了注意审美价值外，亦需保持技术和材料的合理性，与空间构图和色调等协调。

室内陈设，英文名为 Inierior Furnishing，主要是指家具、窗幔、各种摆设、日用器皿和观赏植物等的陈设布置，用以满足生活要求与美化环境需要。

室内装潢，英文名为 Interior Decoration，是室内装修、装饰、陈设的综合设计，它偏重于对室内环境的艺术处理，而且较多迎合时尚流行意识的艺术效果。

2.1.2 建筑装饰装修工程

由上对建筑室内设计介绍可知，建筑装饰装修是建筑室内设计的主体部分，而建筑装饰装修工程则是建筑工程的重要组成部分。它是在建筑主体结构工程完成之后，为保护建筑物主体结构、完善建筑物的使用功能和美化建筑物，采用装饰装修材料或饰物，对建筑物的内外表面及空间进行的各种处理过程，以满足人们对建筑产品的物质要求和精神需要。是以美学原理为依据，以各种建筑及建筑材料为基础，对建筑外表及内部空间环境进行设计、加工的行为与过程的总称。

2.2 建筑装饰装修工程分类

从建筑学上讲，装修是指“在房屋工程上抹面、粉刷并安装门窗等设备”，突出的是功能性；建筑装饰主要指“在建筑物主体工程完成后，为满足建筑物的功能要求和造型艺术效果而对建筑物进行的处理。具有保护主体结构，美化装饰和改善室内空间效果等作用，更突出的是其艺术性”。所以建筑装饰装修工程是为了改善和美化装饰建筑室内空间环境而进行的分部建筑工程。其内容是广泛的，多方面的，可有多种分类方法：按施工方法和本身的艺术效果，可分为普通、中级和高级三级；从施工组织的角度包括抹灰工程、门窗工程、玻璃工程、吊顶工程、隔断工程、饰面板（砖）工程、涂料工程、裱糊工程、刷浆工程和花饰工程等；按装饰装修部位的不同，可分为室内装饰（或内部装饰），室外装饰和环境装饰等。本章按照装饰装修部位的不同进行简要介绍。

内部装饰是对建筑物室内所进行的建筑装饰。通常包括：楼地面、墙柱面、墙裙、踢脚线、顶棚、室内门窗（包括门窗套、贴脸、窗帘盒、窗帘及窗台等）、楼梯及栏杆（板）、室内装饰设施（包括给排水与卫生设备、电气与照明设备、暖通设备、用具、家具，以及其他装饰设备）。内部装饰的作用有，保护墙体及楼地面、改善室内使用条件、美化内部空间、创造美观舒适整洁的工作生活环境等。

外部装饰也称室外建筑装饰，包括：外墙面、柱面、外墙裙（勒脚）腰线、屋面、檐口、檐廊、雨棚、遮阳棚、遮阳板、外墙门窗、台阶、散水、落水管、花池（或花台），还有其他室内外装饰如楼牌、招牌、装饰条、雕塑等外露部分的装饰。外部装饰的主要作用有保护房屋主体结构、改善建筑物理性能、美化建筑物等。

室内外环境装饰包括围墙、院落大门、灯饰、假山、喷水、雕塑小品、院内（或小区）绿化以及各种供人们休闲小憩的凳椅、亭阁等装饰物。室外环境装饰和建筑物内外装饰的有机融合，形成居住环境、城市环境和社会环境的协调统一，营造一个优雅、美观、舒适、温馨的生活和工作氛围。因此，环境装饰也是现代建筑装饰的重要配套内容。

根据国内建筑行业分工的现状，本教材所说的建筑装饰装修工程特指建筑内部装饰部分。

2.3 BIM与建筑装饰装修工程

我国的建筑装饰装修市场正处于蓬勃发展之中，将行成一个巨大的产业。以公共建筑为例，驱动公共建筑装饰市场发展的主要因素有两个：一是随经济发展、需求升级，从而对已有建筑定期翻新的存量市场；二是随固定资产投资增加而新建的公共建筑所产生的增量市场。在存量市场方面，近五年来我国公共建筑市场发展迅速，大型商业娱乐设施、商务酒店、文教体卫建筑等市场存量已十分巨大。而且公共建筑在未来的使用过程中通常需要进行多次翻新维修，因此公共建筑装饰工程拥有巨大的存量市场。对于增量市场，根据中国建筑装饰协会的数据显示，2016 年全国建筑装饰行业完成工程总产值约 3.73 万亿元，比 2015 年增加了 3400 亿元，增长幅度为 9.7%。其中，公共建筑装饰装修 2016 年完成工程总产值 6.14 万亿元，比 2015 年增加了 1000 亿元，增长幅度为 5.7%。而且根据《建筑装饰行业“十三五”发展规划纲要》，在“十三五”期间，建筑装饰行业平均年增长速度预计将保持在 7% 左右。

建筑信息模型（Building Information Modeling，简称 BIM）是一种利用数字表达建筑对象的几何、物理和功能信息以支持建筑全生命周期管理的技术，是信息化手段辅助建筑行业实践的技术变革。BIM 在建筑业分支中的房屋和土木工程建筑业、建筑安装业已经有相对成熟的应用体系，国内外建筑业现有的 BIM 应用案例主要集中在土建工程、水暖电工程的 BIM 技术应用，但 BIM 技术在装饰工程中的应用还处于起步阶段。在国外，建筑装饰工程属于建筑的附属部分，没有单独进行研究。而国内装饰工程与建筑工程是独立的，一些装饰企业对 BIM 技术的应用仍处于探索阶段，BIM 技术在装饰行业的应用依旧正处于方兴未艾的状态。使用 BIM 技术进行建筑装饰装修工程参数化设计，可以让各个参与工程建设的人形象直观地看到立体的三维模型。BIM 技术可以更加全面、高效、客观地模拟、解决工程中涉及的技术问题，提高整个工程决策、设计、施工的效率，减少人为的失误，保证工程的高效、高质进行，在快速增长的建筑装饰装修市场背景下，一定会有更加全面、深入的应用。

2.4 建筑装饰装修工程制图

建筑装饰装修工程图以投影法原理为基础，按国家规定的制图标准《房屋建筑室内装饰装修制图标准》JGJ/T244—2011 为指导绘制的成套工程图样。建筑装饰装修工程图是具有法律效力的技术文件：在报建中它是审批建筑工程项目的依据；在生产施工中，它是备料和施工的依据；当工程竣工时，是对工程进行质量检查和验收，并以此评价工程质量优劣的依据。建筑装饰装修工程图还是编制装饰装修工程概算、预算和决算及审核装饰装修工程造价的依据。

2.4.1 投影法简介

1. 投影的概念

当物体在光线的照射下，地面或者墙面上会形成物体的影子，随着光线照射的角度以及光源与物体距离的变化，其影子的位置与形状也会发生变化。人们从光线、形体与影子之间的关系中，经过科学的归纳总结，形成了形体投影的原理以及投影作图的方法。

光线照射物体产生的影子可以反映出物体的外形轮廓。如图 2-1 所示，光线照射物体将物体的各个顶点和棱线在平面上产生影像，物体顶点与棱线的影像连线组成了一个能够反映物体外形形状的图形，这个图形为物体的影子。

如图 2-1 所示，在投影理论中，人们将物体称为形体，表示光线的线为投射线，光线的照射方向为投射线的透射方向，落影的平面称为投影面，产生的影子称为投影。用投影表示

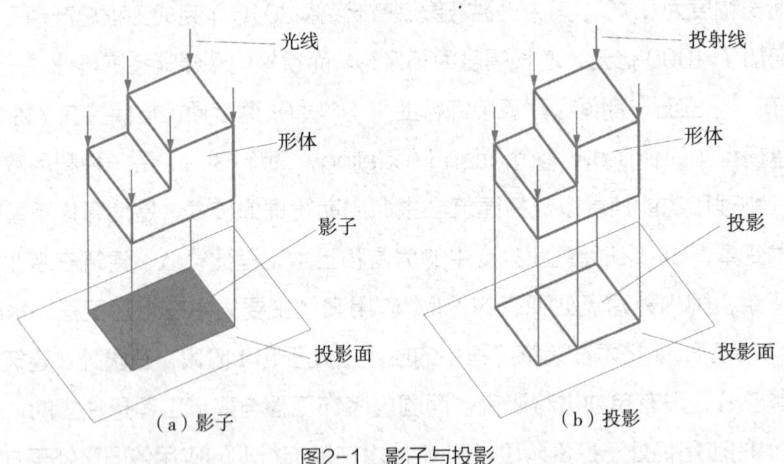

图2-1 影子与投影

形体的形状与大小的方法为投影法，用投影法画出的形体图形称为投影图。

形体产生投影必须具备三个条件：形体、投影面与投射线，三者缺一不可，称为投影的三要素。

2. 投影法的分类

投影法分为平行投影法与中心投影法两大类，这两种方法主要区别是形体与投射中心距离的不同。

1）中心投影法

当投射中心与投影面的距离有限远时，所有的投射线均从投射中心一点 S 发出，所形成的投影称为中心投影，这种投影的方法为中心投影法，如图 2-2 所示。

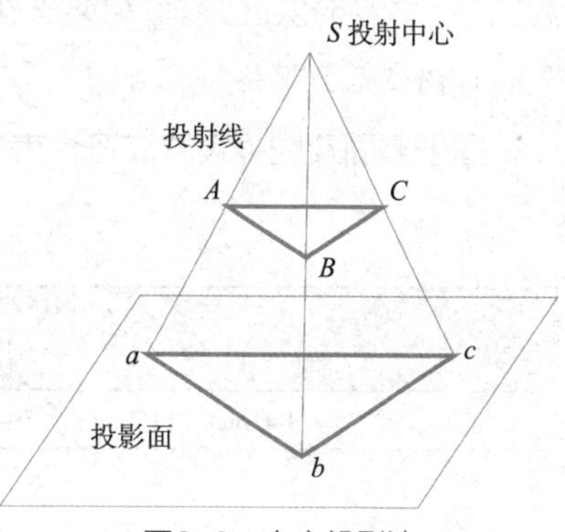

图2-2　中心投影法

中心投影的大小由投影面、空间形体以及投射中心之间的相对位置来确定，当投影面和投射中心的距离确定后，形体投影的大小随着形体与投影面的距离变化而变化。由中心投影法作出的投影图，不能够准确反映形体尺寸的大小，度量性较差。

2）平行投影法

当投射中心距离形体无穷远时，投射线可以看作是一组平行线，这种投影的方法称为平行投影法，所得的形体投影称为平行投影。根据投射线与投影面的相对位置不同，又可以分为斜投影法与正投影法，如图 2-3（a）、（b）所示。

投射线倾斜于投影面时所作出的平行投影称为斜投影，如图 2-3（a）所示。投射线垂直于投影面时所作出的平行投影称为正投影，如图 2-3（b）所示。平行投影由投影面与投射方向确定，当投射方向一定时，空间形体与投影面的距离对平行投影的大小无影响。

在正投影中，形体平面与投影面相互平行，其投影能够反映平面的真实形状与大小，且和平面与投影面的距离无关，因此工程图样通常采用正投影方法来表达。

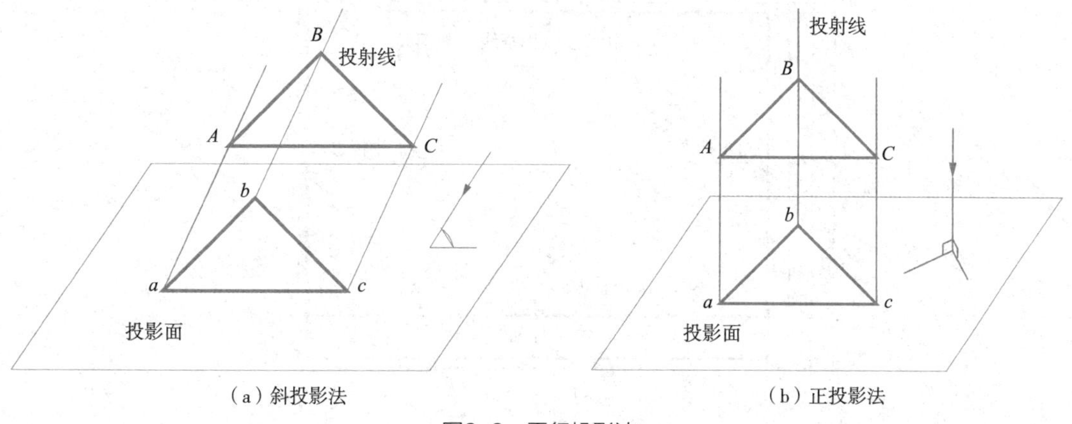

（a）斜投影法　（b）正投影法

图2-3　平行投影法

2.4.2 建筑装饰装修制图的基本知识

中华人民共和国住房和城乡建设部第 1053 号公告，发布了行业标准《房屋建筑室内装饰装修制图标准》，编号为 JGJ/T244—2011（2011 室内施工图新国标），自 2012 年 3 月 1 日起实施。为与时俱进，本教材编写过程中严格遵照新的制图标准，力求使教材简明、实用、规范。

1. 图纸幅面规格

图纸幅面及图框尺寸应符合表 2-1、图 2-4 的规定及图（a）、（b）的格式。

图纸幅面格式 表2–1

尺寸代号＼幅面代号	A0	A1	A2	A3	A4
$b \times l$	841mm × 1189mm	594mm × 841mm	420mm × 594mm	297mm × 420mm	210mm × 297mm
c	10			5	
a	25				

注： 表2–1中b为幅面短边尺寸，l为幅面长边尺寸，c为图框线与幅面线间宽度，a为图框线与装订边间宽度。

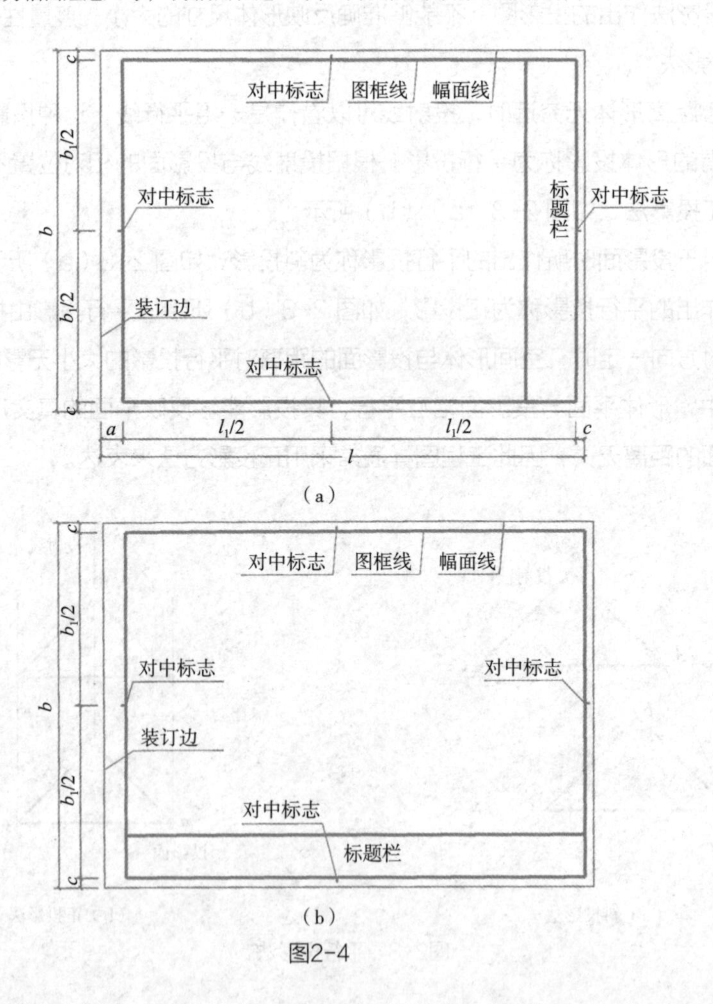

图2–4

2. 图线

房屋建筑室内装饰装修制图应采用实线、虚线、单点画线、折断线、波浪线、点线、样条曲线、云线等。图线的宽度一般采用某个系列，图线的宽度基本单位 b，宜从 1.4mm、1.0mm、0.7mm、0.5mm、0.35mm、0.25mm、0.18mm、0.13mm 线宽系列中选取。室内装饰装修制图常用的有 0.25mm、0.18mm、0.13mm 线宽。线宽组选用表及各图线的用途见表 2-2、表 2-3。

线宽组选用表　　表2–2

线宽比	线宽组（mm）		
b	1.0	0.7	0.5
$0.7b$	0.7	0.5	0.35
$0.5b$	0.5	0.35	0.25
$0.25b$	0.25	0.18	0.13

图线用途表　　表2–3

名称		线型	线宽	用途
实线	粗	————	b	主要可见轮廓线
	中粗	————	$0.7b$	可见轮廓线
	中	————	$0.5b$	可见轮廓线、尺寸线、变更云线
	细	————	$0.25b$	图例填充线、家具线
虚线	中粗	— — — —	$0.7b$	①表示被遮挡部分的轮廓线 ②表示被索引图样的范围 ③拟建、扩建房屋建筑室内装饰装修部分轮廓线
	中	— — — —	$0.5b$	①表示平面中上部的投影轮廓线 ②预想放置的房屋建筑或构件
	细	— — — —	$0.25b$	表现内容与中虚线相同

3. 字体

房屋建筑室内装饰装修制图中字体的选择、字高及书写规则应符合现行国家标准《房屋建筑制图统一标准》GB/T50001—2017[5] 的规定。

1）图纸上所绘制的文字、数字或符号等，均应清晰、端正、排列整齐。

2）文字的字高如表 2-4 所示，字高大于 10mm 的文字宜采用“True type”字体，如需书写更大的字，其高度应按$\sqrt{2}$的倍数递增。

3）图样及说明中的汉字，宜采用长仿宋体或黑体，同一图纸字体种类不应超过两种。长仿宋体的高宽比为 1 ∶ 0.7（mm）。

文字的字高（mm）　　表2–4

字体种类	中文矢量字体	True type字体及非中文字体
字高	3.5、5、7、10、14、20	3、4、6、8、10、14、20

4. 比例

图样的比例为图形与实物相对应的线型尺寸之比。

图样的比例应根据图样用途与被绘对象的复杂程度选取。常用比例宜为 1 ： 1、1 ： 2、1 ： 5、1 ： 10、1 ： 15、1 ： 20、1 ： 25、1 ： 30、1 ： 40、1 ： 50、1 ： 75、1 ： 100、1 ： 150、1 ： 200，如表 2-5 所示。对于其他特殊情况，可自定比例。同一图纸中的图样可选用不同比例。

绘图所用比例 表2–5

比例	部位	图纸内容
1：200~1：100	总平面、总顶面	总平面布置图、总顶棚平面布置图
1：100~1：50	局部平面、局部顶棚平面	局部平面布置图、局部顶棚平面布置图
	不复杂的立面	立面图、剖面图
1：50~1：30	较复杂的立面	立面图、剖面图
1：30~1：10	复杂的立面	立面放大图、剖面图
1：10~1：1	平面及立面中需要详细表示的部位	详图
	重点部位的构造	节点图

5. 常用图例

房屋建筑室内装饰装修材料的图例画法应符合现行国家标准《房屋建筑制图统一标准》GB/T50001—2017[5] 的规定。

1）常用房屋建筑室内材料、装饰装修材料应按表 2-6 所示图例画法绘制

常用房屋建筑室内装饰装修材料图例 表2–6

序号	名称	图例	备注
1	素土夯实		一种地面开挖后的土壤回填处理方式
2	砂、灰土		
3	砂砾石、碎砖三合土		作为地基垫层，用于土地开挖后的回填
4	石材		最好注明厚度，各种天然石材、人造石材的断面等石材表示方式
5	毛石		

续表

序号	名称	图例	备注
6	普通砖		包括实心砖、多孔砖、砌砖等砌体。断面较窄不易绘出图例线时，可涂红，并在图纸备注中加注说明，画出该材料图例
7	轻质砌块砖		指非承重砖砌体
8	饰面砖		包括铺地砖、陶瓷锦砖、人造大理石等（用于地面、墙面等）
9	多孔材料		包括水泥珍珠岩、沥青珍珠岩、泡沫混凝土、非承重加气混凝土、软木、蛭石制品等
10	混凝土		①本图例指能承重的混凝土及钢筋混凝土；②包括各种强度等级、骨料、添加剂的混凝土； ③在剖面图上画出钢筋时，不画图例线； ④断面图形小，不宜画出图例线时，可涂黑
11	钢筋混凝土	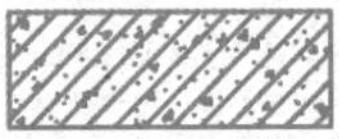	
12	胶合板	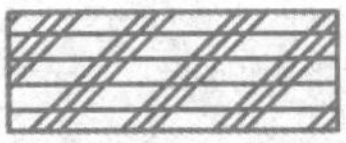	应注明厚度或层数
13	密度板	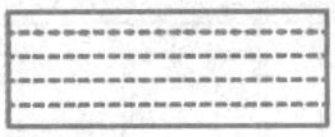	注明厚度
14	多层板	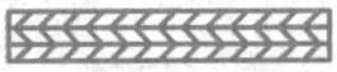	注明厚度或层数
15	木工板	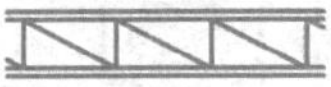	注明厚度
16	石膏板	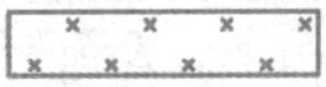	①注明厚度②注明石膏板品种名称
17	轻钢龙骨板材隔墙	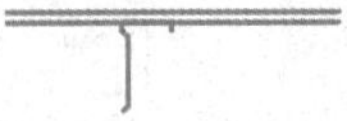	常用的板材有石膏板、ALC（蒸压轻质混凝土）板、GRC板等
18	纤维材料	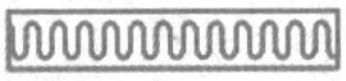	包括矿棉、岩棉、玻璃棉、麻丝、木丝板、纤维板等
19	泡沫塑料材料	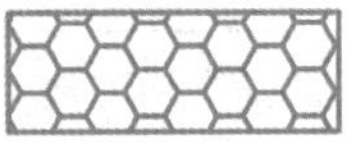	包括聚苯乙烯、聚乙烯等多孔聚合物类材料
20	木材		①上图为垫木、木砖或木龙骨； ②中图为横断面； ③下图为纵断面
21	金属		①各种金属，注明材料； ②图形较小时，可涂黑

续表

序号	名称	图例	备注
22	防水材料		①注明厚度、材质；②构造层次多或比例大时，采用下图例
23	粉刷		本图例采用较稀的点
24	地毯		
25	窗帘		①箭头为开启方向；②下图为窗帘立面

2）装饰装修材料和设备图例（表2-7）

常用家具图例 表2-7

序号	名称		图例		图例样式注解
			本标准中收录的图例	可参照使用的图例	
1	沙发	单人沙发			根据不同的靠背和扶手样式，归纳出两种典型图例供读者选用；同时吸纳几种国内装饰装修制图中常用图例，作为补充
		双人沙发			
		三人沙发			
2	办公室				两种典型图例，此外还有多种多样的组合办公桌，此表并未收录

续表

序号	名称		图例		图例样式注解
			本标准中收录的图例	可参照使用的图例	
3	餐桌椅		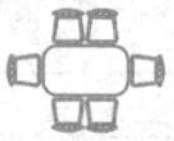		餐桌及椅子是餐饮空间中常见的家居类型
4	椅	办公椅		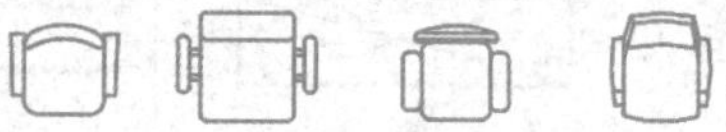	本表图例根据办公椅、休闲椅等不同造型、分类，归纳出两种典型图例供读者选择
		休闲椅	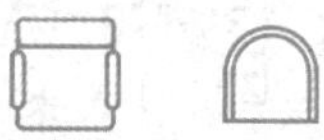	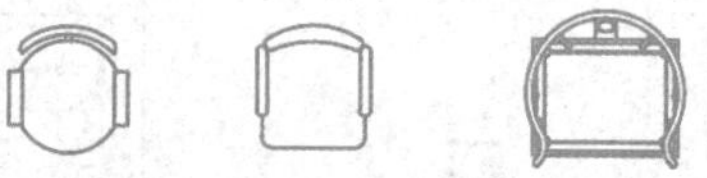	
		躺椅	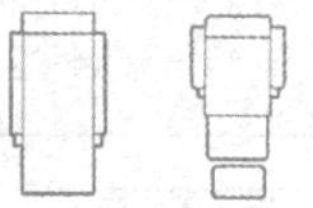	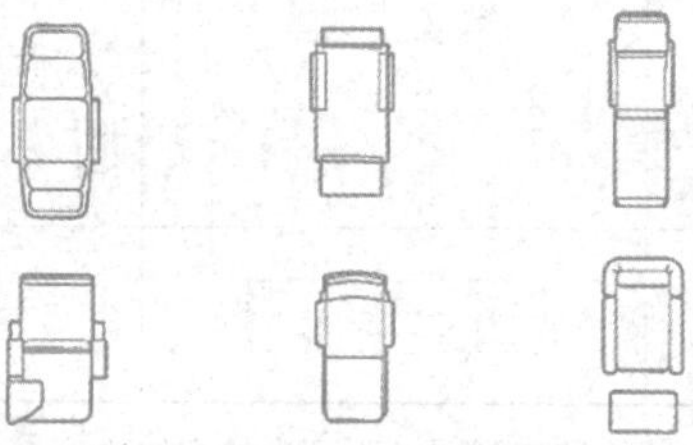	
5	床	单人床	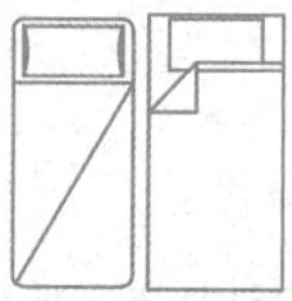	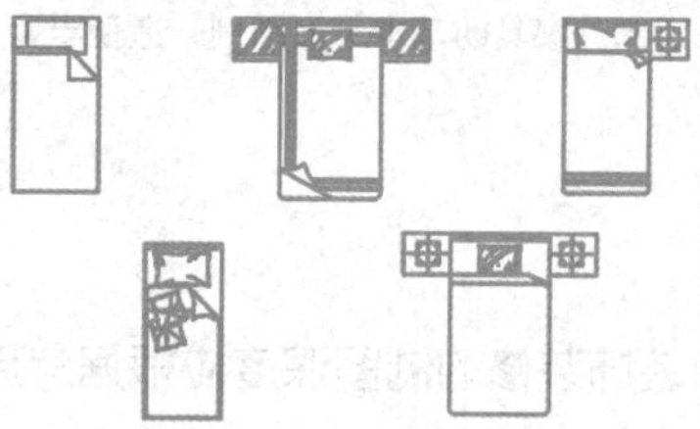	本表规定了两种典型图例，读者可以在此基础上根据成品床类家具，自行规定其尺寸
		双人床	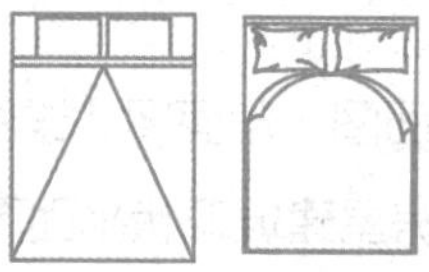	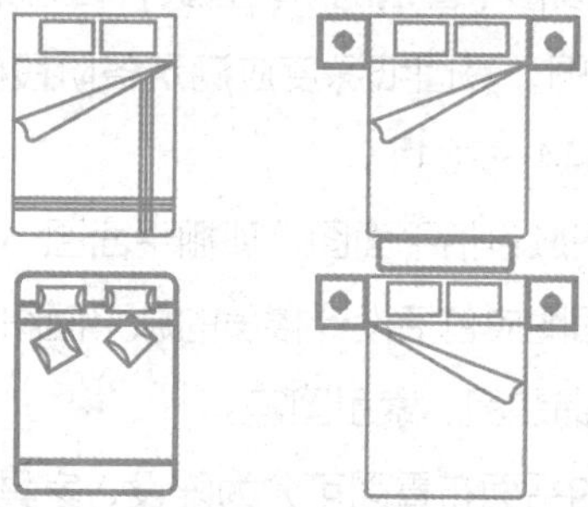	
6	会议桌		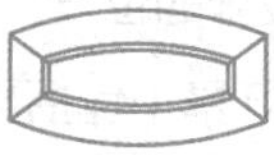	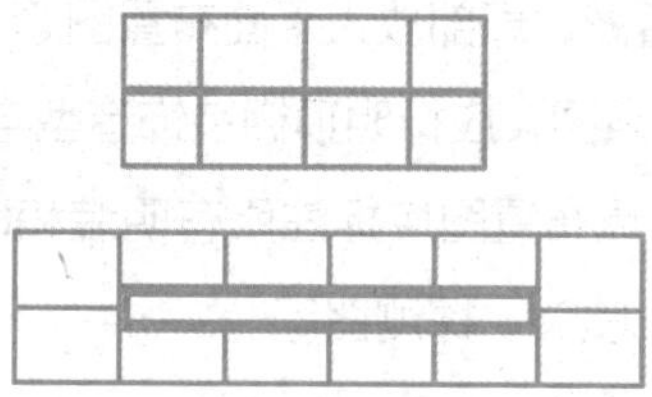	本表选用了常见的椭圆形、回字形、长方形会议桌

续表

序号	名称		图例		图例样式注解
			本标准中收录的图例	可参照使用的图例	
7	橱柜	衣柜			规定了衣柜、低柜、高柜的典型图例，读者可根据实际情况自行规定尺寸
		低柜			
		高柜			
8	异形沙发				
9	电视柜				

说明：家具是室内装饰装修制图必不可少的主体内容，本表中选用图例时只选用了简练、形象、通用、符号化的基本图例，且仅收录了部分家具的基本平面图例，造型丰富的立面可由读者自行设计

6. 图纸深度

房屋建筑室内装饰装修的制图深度应根据房屋建筑室内装饰装修设计的阶段性要求确定。房屋建筑室内装饰装修中图纸的阶段性文件应包括：方案设计图、扩充设计图、施工设计图、变更设计图、竣工图，其图纸深度应满足各阶段的深度要求，详见《房屋建筑室内装饰装修制图标准》JGJT244—2011。

1）施工设计图应包括平面图、顶棚平面图、立面图、剖面图、详图和节点图。

2）施工图平面图应包括设计楼层的总平面图、房屋建筑现状平面图、各空间平面布置图、平面定位图、地面铺装图、索引图等。

3）施工图中的平面布置图可分为陈设、家具平面布置图、部品部件平面布置图、设备设施布置图、绿化布置图、局部放大平面布置图等。

4）顶棚综合布点图，应标明顶棚装饰造型与设备设施的位置、尺寸关系。

5）顶棚装饰灯具布置图应标注所有明装和暗藏的灯具（包括火灾和事故照明灯具）、发光顶棚、空调风口、喷头、探测器等。

2.4.3　装饰施工图识图

1. 装饰施工图的特点

1）装饰施工图涉及的面广。

2）装饰施工图的比例较大。

3）装饰施工图的图例没有统一的标准，有时须加文字注释。

4）标准定型化设计少。

5）装饰施工图细腻、生动。

2. 装饰施工图的内容与排列，如图 2–5 所示。

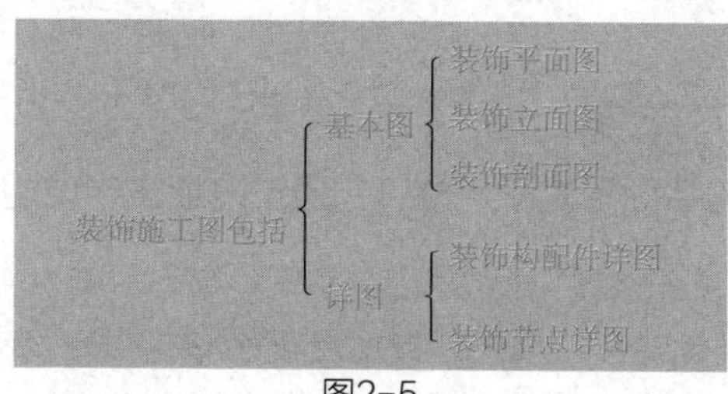

图2-5

装饰施工图图纸的排列原则是：

表现性图纸在前，技术性图纸在后；装饰施工图在前，室内配套设备施工图在后；基本图在前，详图在后；先施工的在前，后施工的在后。

3. 建筑装饰平面图

1）楼地面装饰平面图

（1）楼地面装饰平面图的形成与图示方法

楼地面装饰平面图是用一个假想的水平剖切平面在略高于窗台的位置剖切后，移去上面的部分，向下所作的正投影图。

与建筑平面图基本相似，不同之处是在建筑平面图的基础上增加了装饰和陈设的内容。

（2）楼地面装饰平面图的图示内容

①建筑平面的基本结构和尺寸。

②装饰结构的平面位置和形式，以及饰面材料和工艺要求。

③装饰结构与配套设施的尺寸标注。

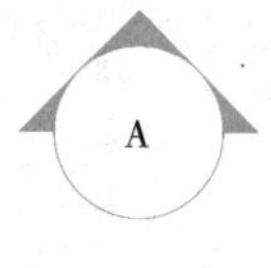

单面内视符号

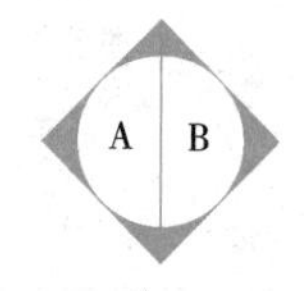

双面内视符号

四面内视符号

图2-6　内视符号

④室内家具、陈设、织物、绿化的摆放位置及说明。

⑤视图符号，如图 2-6 所示。

圆圈直径可选择 8~12mm。

（3）楼地面装饰平面图的识读，如图 2-7 所示。

2）顶棚装饰平面图

（1）顶棚装饰平面图的形成

顶棚装饰平面图一般采用镜像投影的方法表示，即假想在地面上放一面镜子，顶棚构造在镜子中的成像，称为顶棚平面图。

顶棚平面图反映房间顶棚的形状、装饰做法及所属设备的位置、尺寸等内容。

（2）顶棚平面图的内容

①表明墙柱和门窗洞口的位置。

②表明顶棚装饰造型的平面形式和尺寸，并通过附加文字说明其所用材料、色彩及工艺要求。

③表明顶部灯具的种类、式样、规格、数量及布置形式和安装位置。

④表明空调通风口、顶部消防报警等装饰内容及设备的位置等。

（3）顶棚装饰平面图的识读，如图 2-8 所示。

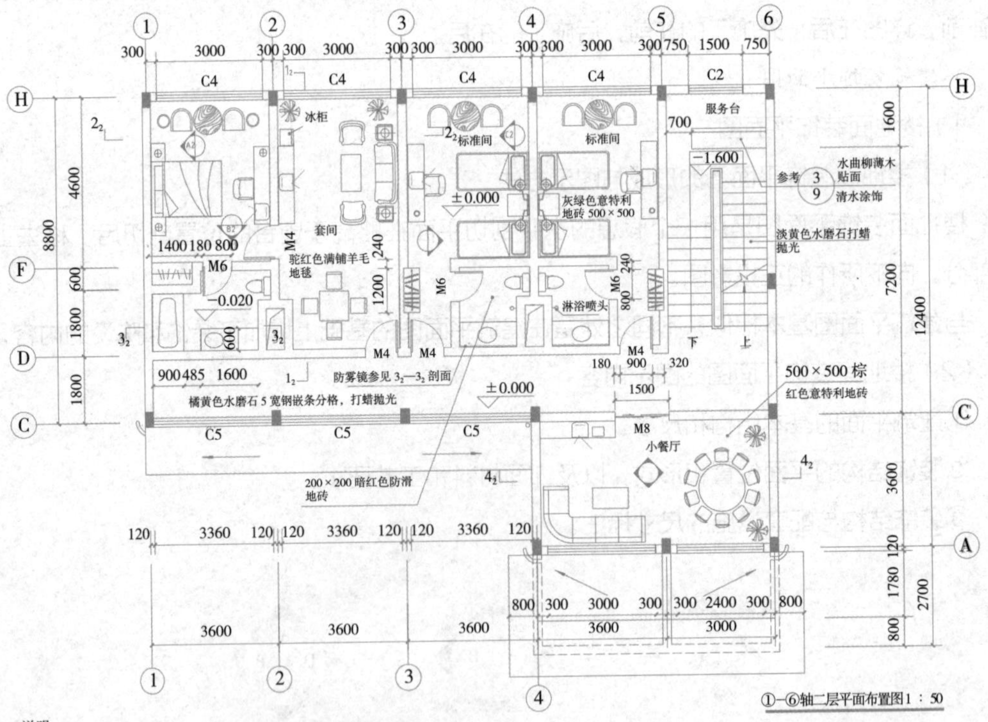

图2-7

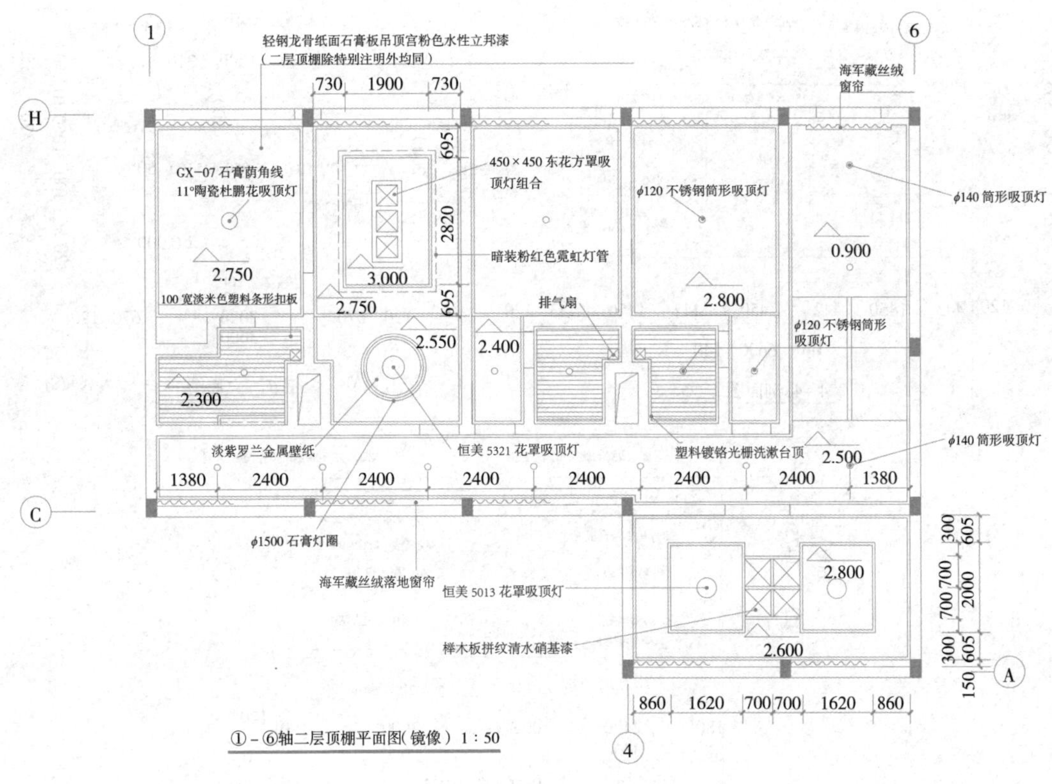

图2-8

4. 建筑装饰立面图

建筑装饰立面图的形成与作用

形成：

将建筑物装饰的外部墙面或内部墙面向与其平行的投影面所作的正投影图称为装饰立面图。

室内装饰立面图目前采用的方法主要有三种：

假想将室内空间垂直剖开，移去剖切平面和观察者之间的部分，对剩余部分所作的正投影图。

假想将室内各墙面沿面与面相交处拆开，移去不予图示的墙面，将剩余墙面及其装饰布置，沿铅直投影面所作的投影。

设想将室内各墙面沿某轴阴角拆开，依次展开，直至都平行于同一投影面，形成的立面展开图。

作用：

（1）反映墙面或柱面的装饰造型、饰面处理以及剖切到顶棚的端面形状、投影到的灯具或风管等内容。

（2）展示建筑装饰立面图的内容。

（3）便于装饰立面图的识读，如图 2-9 所示。

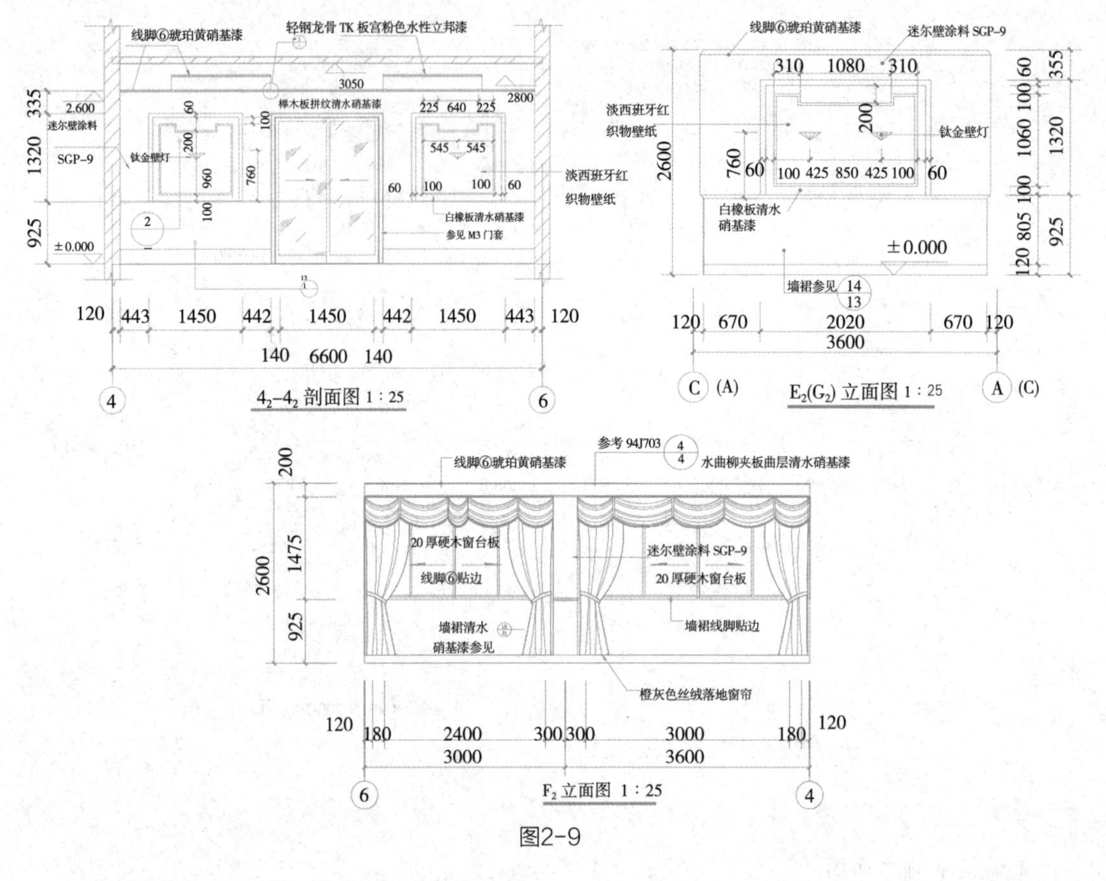

图2-9

5. 建筑装饰剖面图与详图

1）概念：建筑装饰剖面图是用假想的剖切平面将建筑某部位垂直剖开得到的正投影图，如图 2-10 所示。

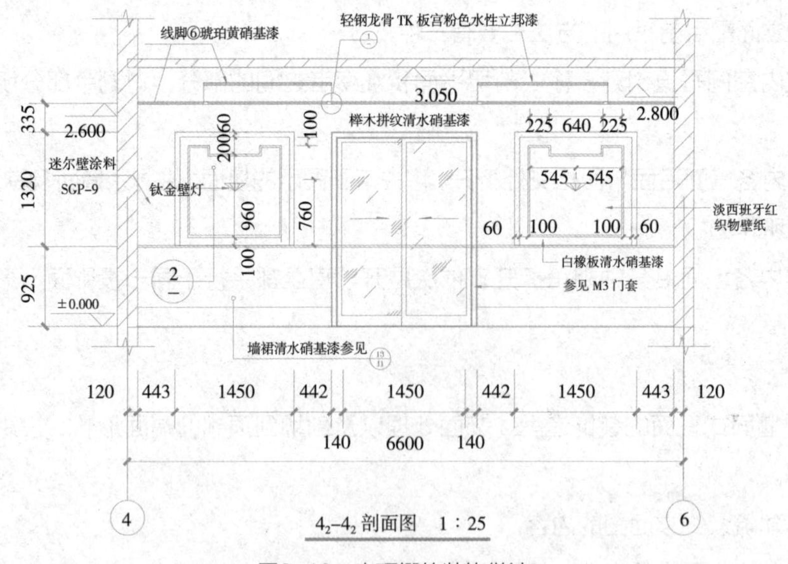

图2-10 出顶棚的装饰做法

2）用途：主要表示该部位的内部构造情况，如图 2-11 所示。

3）出顶棚的装饰做法。

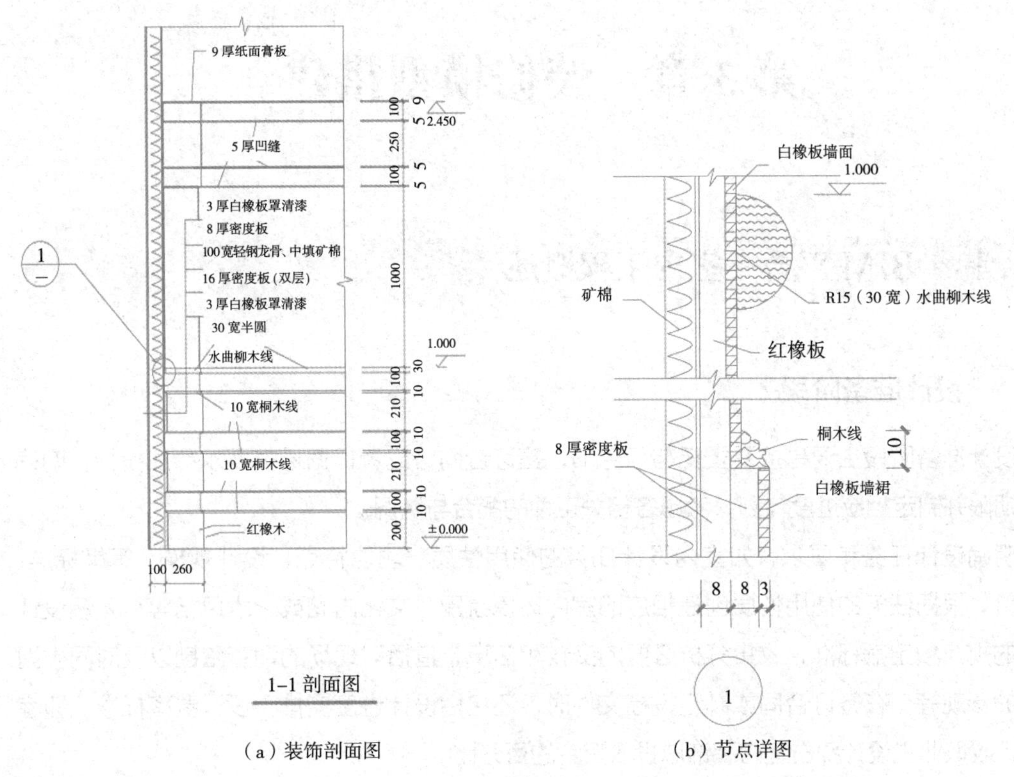

（a）装饰剖面图　　（b）节点详图

图2-11

第 3 章　装修模型搭建

3.1　BIM 平台—室内工程概述

3.1.1　设计准备阶段

设计准备阶段主要是接受委托与任务书，签订合同，或者根据标书要求参加投标；明确设计期限并制定相应进度计划，考虑各相关工种的配合与协调。

明确设计任务和要求，如室内设计任务的使用性质、功能特点、设计规模、等级标准、总造价，根据任务的使用性质创造相应的室内环境氛围、文化内涵或艺术风格等；熟悉设计有关的规范和定额标准，收集分析必要的资料和信息，包括对现场的调查踏勘以及对同类型实例的参观等；在签订合同或制定投标文件时，还包括设计进度安排，设计费率标准，即室内设计收取业主设计费占室内装饰总投入资金的百分比。

BIM 平台下设计准备阶段的主要优势：

1）互动交流：在专业图纸难看懂的情况下，通过 Revit 或 Navisworks 的可视化功能向业主直观展示同类型实例，可提高投标过程中的互动性；同时 BIM 平台下室内工程的整体性特点，可使业主感受到全过程的可控性增强，以此提高得标竞争力。

2）投标初案：传统投标初案一般包括大体的平面布置、重要部位顶棚设计及局部效果图，考虑投标成本，不易进行深入的方案初设；BIM 平台下，随着常用设计元素及手法的积累，特别是标准流程的形成，基本可同步实现设计创意、互动展示、初设方案及效果图。

3）预算控制：竞标时预算控制能力是业主选择设计委托方的重要依据，BIM 的使用不再仅仅靠经验或咨询专业预算人员的方式，来实现预算基本控制。信息模型后续深化本身即包含工程量的统计任务，且室内施工偏向标准化，只需要将现行较成熟的定额定价模式移植到 BIM 平台下，与常用标准构件及做法相关联，即可通过“预算控制原型”来展示实时动态的预算控制力。

3.1.2　方案设计阶段

方案设计阶段是在设计准备阶段的基础上，进一步收集、分析、运用与设计任务有关的资料与信息，构思立意，进行初步方案设计，深入设计，进行方案的分析与比较。确定初步设计方案，提供设计文件。室内初步方案的文件通常包括：平面图、室内立面展开图、平顶图或仰视图、室内透视图、室内装饰材料实样版面、设计意图说明和造价概算等。

3.2　查看空间环境

若项目已搭建完建筑、结构及机电等专业的模型，我们就可以使用链接方式将其组合成全专业模型；然后在平立剖及三维视图中查阅室内面积、设备高度、结构布局及构件尺寸等设计的基础数据。

3.2.1　新建项目

首先打开 Revit 2017 软件，在功能区柏慕软件，新建项目选择柏慕全专业样板，浏览选择保存的位置，文件名：中山门 - 室内精装修，保存为“.rvt”文件，确定。将 1F 视图平面的文字指北针轴网删除，只保留 4 个立面，如图 3-1 所示。

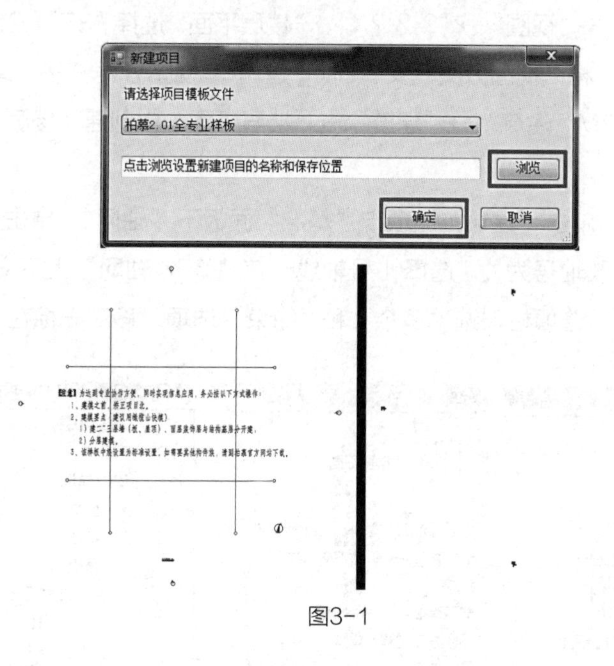

图3-1

单击选项卡“视图”→“BIM_ 建筑”→“建模”→“立面”→“建筑 - 东”。

删除（Delete）立面标高，只保留 1F、2F 标高，选择“2F”标高，将标高“1F”与“2F”之间的临时尺寸标注修改为“4500”，并按“Enter”键完成。

单击“建筑”选项卡“基准”面板下“标高”命令，单击直线命令绘制标高，绘制的标高与“2F”之间的临时尺寸标注修改为“3500”，修改其标高名称为“3F”，弹出对话框：是否希望重命名相应视图单击“是”。再次绘制标高与“3F”之间的临时尺寸标注修改为“1400”，修改其标高名称为“4F”，弹出对话框：是否希望重命名相应视图单击“是”。按住“Ctrl”键单击选择刚刚绘制的两个标高，从类型选择器下拉列表中选择“标头：上标头”，如图 3-2 所示（标高可以在任一立面和剖面视图中绘制）。

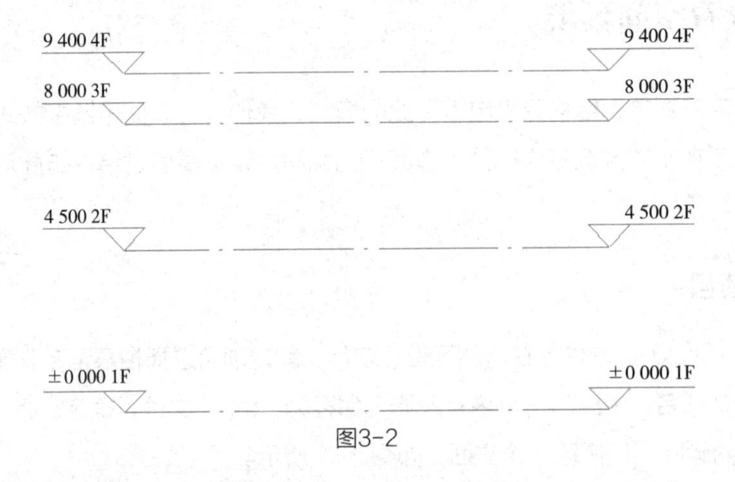

图3-2

单击“项目浏览器”→“视图”→“？？？”→“楼层平面”选择“3F”（Ctrl 加选）“4F”；在“属性”面板“文字”将“视图分类 - 父：BM_ 建筑”“视图分类 - 子：建模”，单击应用，在“项目浏览器”→“BM_ 建筑”→“建模”→“楼层平面”中创建了楼层平面，如图 3-3 所示。

打开 2F 楼层平面，单击“建筑”选项卡“基准”面板下“轴网”；单击直线命令绘制轴网，绘制垂直轴网，修改轴号为 1，选择 1 号轴线，在“修改 轴网”上下文选项卡“修改”面板单击“复制”工具，选项栏勾选“多个”和“约束”选项，移动光标在 1 号轴线上单击

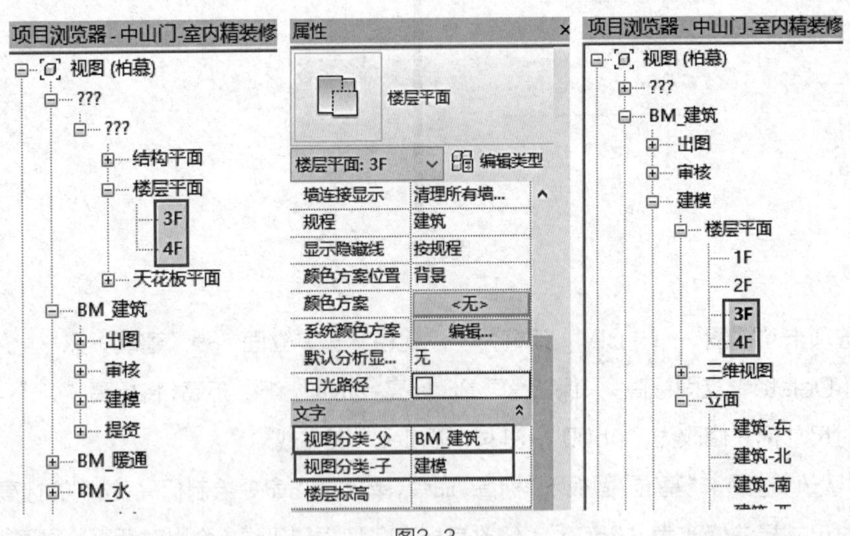

图3-3

捕捉一点作为复制参考点，然后水平向右移动光标，输入间距值“400”后按“Enter”键确认后完成 2 号轴线的复制。保持光标位于新复制的轴线右侧，继续依次输入并在输入每个数值后按“Enter”键确认，完成 3~10 号轴线的复制（1250、1650、2000、2000、3000、7500、350、1800），如图 3-4（a）所示。

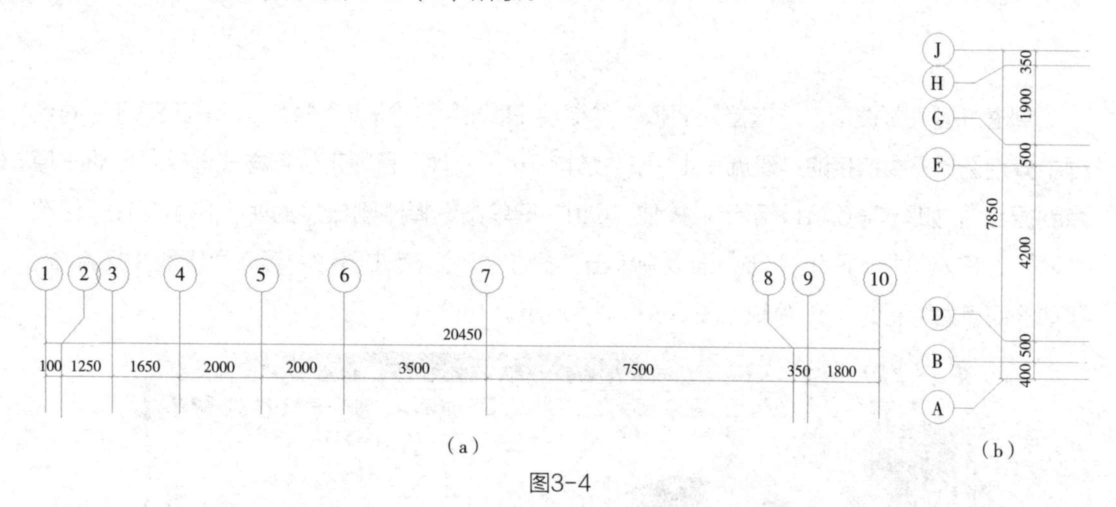

图3-4

在“建筑”选项卡“基准”面板“轴网”工具,使用同样的方法在轴线下标头上方绘制水平轴线。选择刚创建的水平轴线，单击标头，标头数字 11 被激活，输入新的标头文字“A”，完成 A 号轴线的创建，选择轴线“A”，单击功能区的“复制”命令，选项栏勾选多重复制选项“多个”和正交约束选项“约束”然后向上移动光标，输入间距 400 完成 B 轴 、保持光标位于新复制的轴线上侧，继续依次输入并在输入每个数值后按“Enter”键确认，完成 C~J 号轴线的复制,（500、4200、500、1900、350）如图 3-4（b）所示（创建轴网可以在任一平面视图中绘制）。

单击“视图控制栏”中“显示隐藏的图元”，框选所有轴网，在“修改 轴网”上下文选项卡下“修改”面板单击“移动”命令，单击移动的起点为 1 交 A 轴，移动的终点为“项目基点”如图 3-5（a）所示。移动完成后，单击“视图控制栏”中“显示隐藏的图元”，切换到非隐藏状态。框选所有轴网,单击“修改 | 轴网”选项卡“修改”面板“锁定”命令（快捷键“PN”）如图 3-5（b）所示。

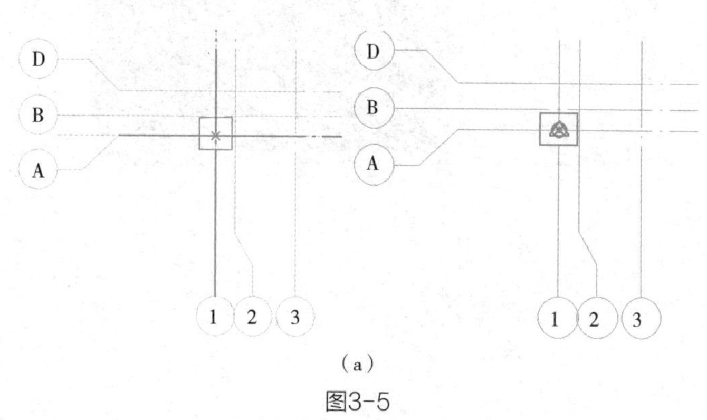

图3-5

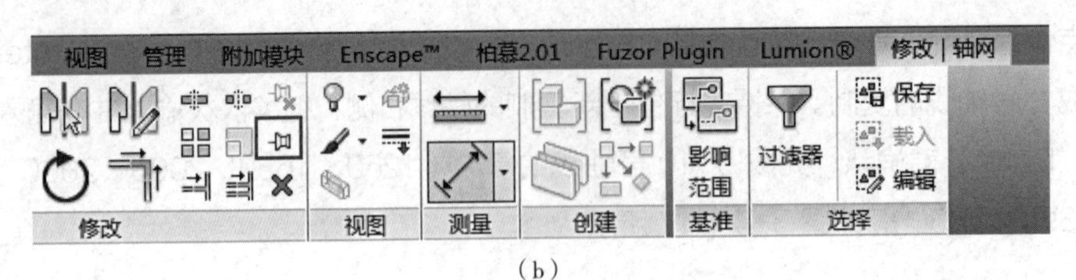

（b）

图3-5（续）

单击“插入”选项卡“链接”面板下“链接 Revit”命令，在“导入 / 链接 RVT”对话框中分别选择需要链接的“建筑 .rvt”和“结构 .rvt”文件，且“定位”方式选择“自动 – 原点到原点”，如图 3-6（a）所示。按住“Ctrl”键单击选择刚刚链接的两个模型，在“修改轴网”上下文选项卡下的“修改”面板中单击“移动”命令，单击移动的起点为模型 1 交 A 轴，移动的终点为绘制的 1 交 A 轴如图 3-6（b）所示。

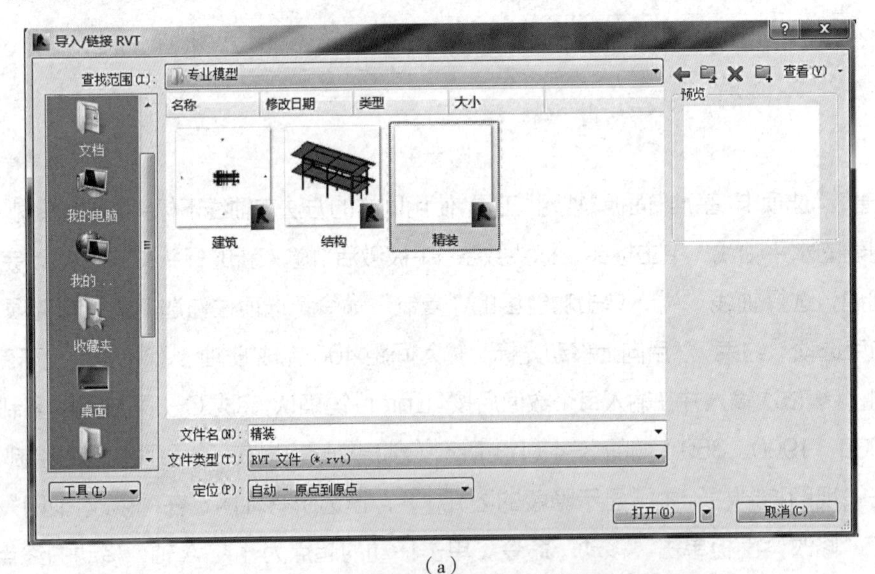

（a）

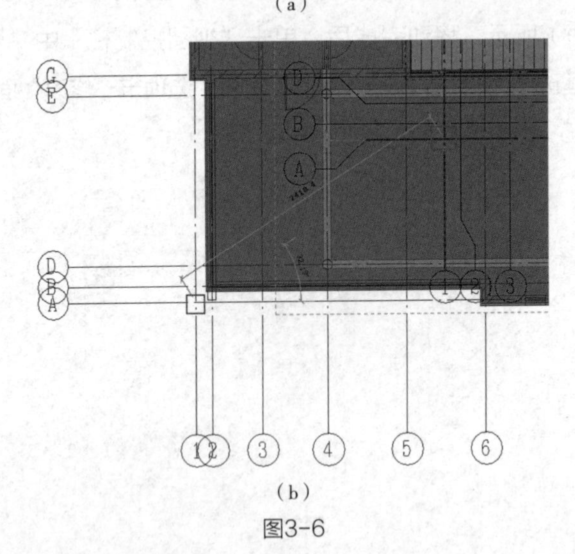

（b）

图3-6

【注意】选用“自动 - 原点到原点”方式链接模型的前提是保证“项目基点”与轴网的相对置相同，即分专业建模时使用具有相同轴网的项目文件作为其他专业建模的初始文件。链接模型完成后保存项目。

在 2F 平面视图下，单击“视图”选项卡“创建”面板下的“剖面”命令。绘制剖切线创建剖面 1 视图，将剖切范围拖拽至适当的区域，如图 3-7 所示。

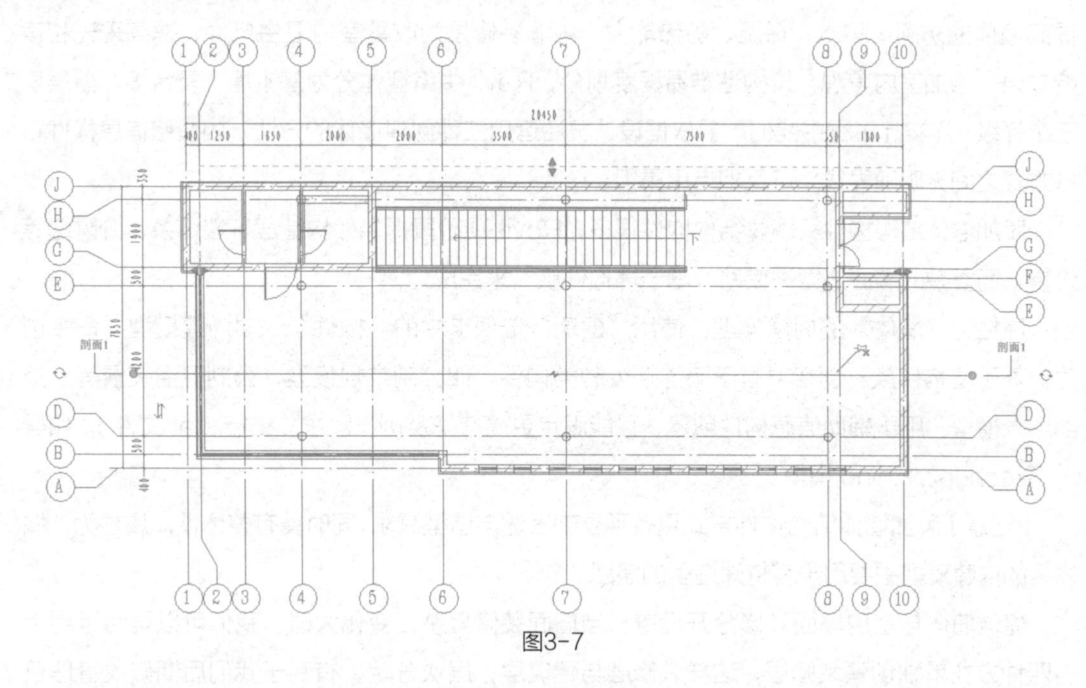

图3-7

单击“视图”选项卡“创建”面板下“默认三维视图”命令，进入三维视图，在“三维视图”属性栏中勾选“剖面框”，使用剖面框工具能任意剖切模型观察室内外空间，如图 3-8 所示。

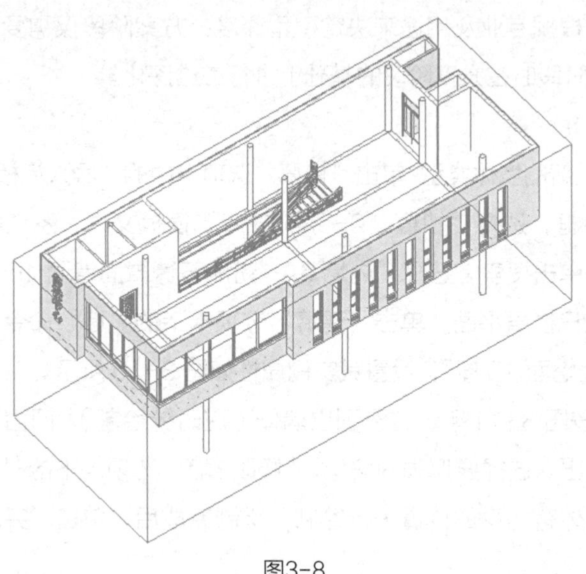

图3-8

【注意】在三维视图模式下可使用键盘方向键可以微调“剖面框”的位置，但单一方向上微调需要进入三维模式平视图或侧视图。

3.2.2 墙面

墙面装修分为外墙装修和内墙装修。外墙装修主要是保护外墙体不受风、霜、雨、雪侵袭，提高墙体的防潮、防水、保温、防热能力；内墙装修是为改善室内卫生条件，提高采光和声响效果，增加室内美观。按构造难易程度划分，Revit 中将墙体分为基本墙、复合墙、叠层墙三个等级，在实际工程中我们需要依据设计灵活运用三种创建墙体的方法。内装修信息构件：各方式之间无明确界线，可互相借用重组。

添加墙体结构构件：墙体结构构件很多，Revit 现阶段提供如构造层、墙饰条、分隔缝等设置。而复杂的墙面造型需借助“基于墙构件族”来完成。

属性为“墙体”的内建模型：使用“建筑”选项卡中的“构件”→“内建模型”命令创建。基于墙构件族：创建“基于墙的”公制类构件，如公制常规模型、公制卫浴装置等。外部导入模型：用于辅助信息构件创建，且能满足更高造型及协作需求（链接 .sat 文件），如导入 Skechup、Rhino 模型。

【注意】添加墙体结构构件方式具有平立剖表达与造型需求，同时具有整体性。属性为“墙体”的内建模型主要用于有特殊造型的墙面。

建筑墙体与室内墙面装修分开设置：当墙面装修复杂，变化大时，我们可以灵活运用上述四种方式单独创建装修层，这样装修层与建筑层，层次分明，有利于我们后期修改管理且方便与其他专业进行协作。

对于方案或施工图阶段来讲，下述墙面装修构造已接近施工模拟深度且能较准确地统计其工程量，构建者应根据专业及用途来决定模型深度。方案阶段仅需要构件整体尺寸轮廓及材质信息，到施工图阶段时在方案阶段的基础上进行二维深化。

1. 基本墙、墙饰面

1）通过柏慕导入新的墙体类型，单击“柏慕”选项卡中的“导入墙板屋顶类型”弹出“导入柏慕系统族”对话框，选择“柏慕 2.0- 系统族库”模板文件，系统类型选择“墙类型”，输入关键字“面墙”单击搜索，选择“内墙 6A- 粉刷石膏罩面墙面 15 厚”单击“导入”如图 3-9 所示。打开 2F 楼层平面，单击“建筑”选项卡下的“墙”命令，在属性栏选择“内墙 6A- 粉刷石膏罩面墙面 15 厚”，设置其实例属性如图 3-10 所示。

2）设置完成后按图 3-11 所示位置画出墙体（逆时针绘制），门窗洞口位置需要编辑墙体轮廓将门窗洞口露出。选择要抠洞的墙体，“修改 | 墙”选项卡下的“模式”面板单击“编辑轮廓”命令，对墙体有门窗的位置进行绘制，绘制完成后，单击“完成绘制”按钮，完成二层墙体的编辑。

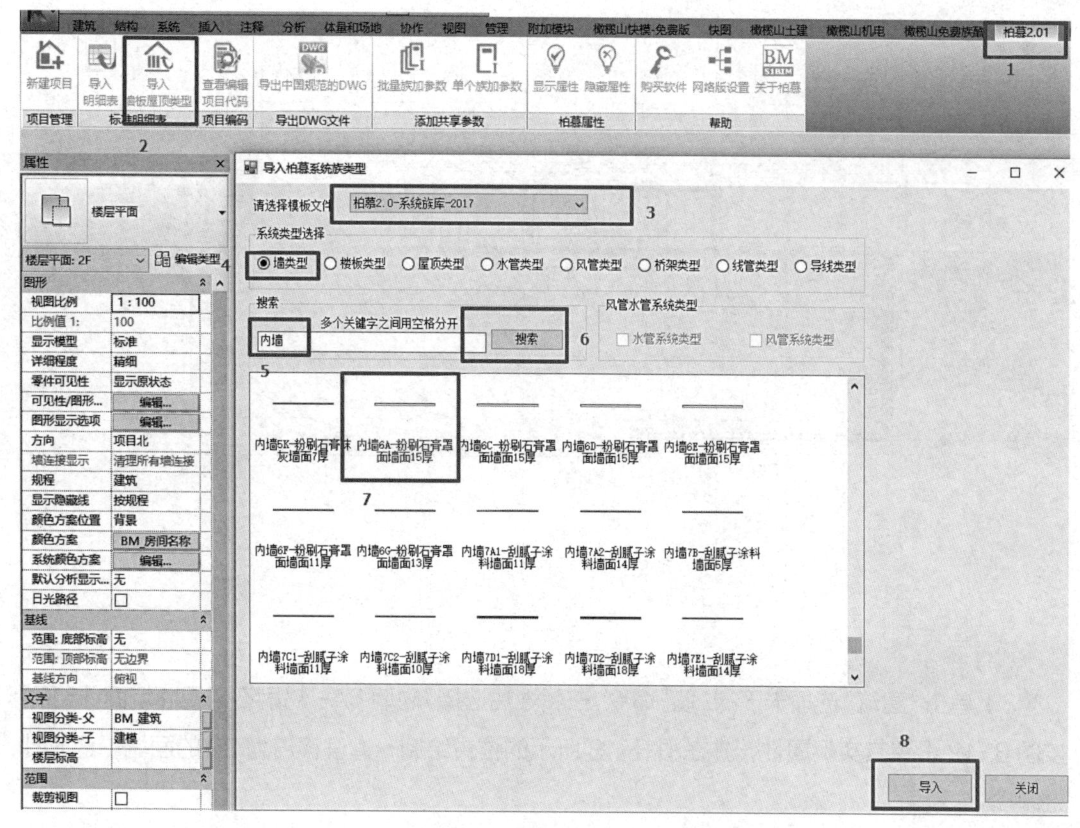

图3-9

属性

基本墙
内墙6A-粉刷石膏罩面墙面15厚

墙 (1) 编辑类型

约束	
定位线	面层面: 内部
底部约束	2F
底部偏移	-80.0
已附着底部	☐
底部延伸距离	0.0
顶部约束	直到标高: 3F
无连接高度	3780.0
顶部偏移	200.0
已附着顶部	☐

图3-10

【注意】精装模型的制作是链接建筑和结构模型的，不能直接编辑链接模型，若是在同一个模型中建模，即可直接连接两道墙，洞口会被自动剪切。

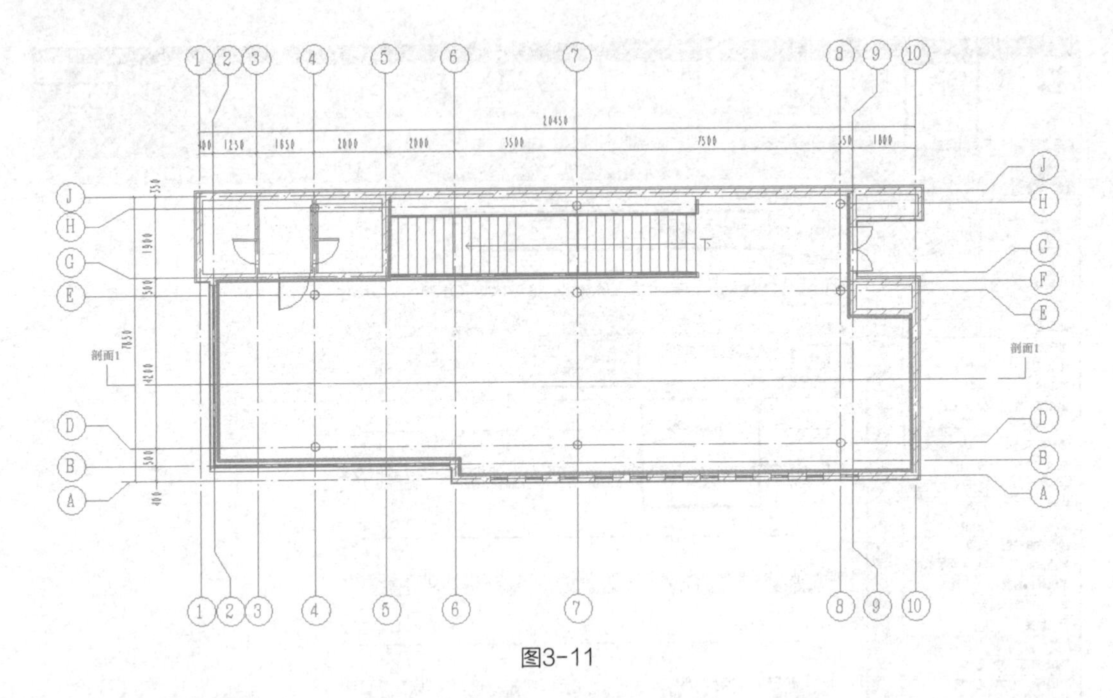

图3-11

3）单击“建筑”选项卡下的“墙”命令，在属性栏选择“内墙6A-粉刷石膏罩面墙面15厚”按图3-12设置其实例属性，并在图3-13所示的位置绘制一道偏移量为80的面墙（逆时针绘制）。

完成如图3-14所示。

选择刚绘制的面墙，在“修改”选项卡下的“模式”面板单击“编辑轮廓”命令，进入剖面；在“剖面1”视图中，按图3-15中所示的尺寸编辑轮廓。

属性

基本墙
内墙6A-粉刷石膏罩面墙面15厚

墙 (1)　编辑类型

约束	
定位线	面层面: 内部
底部约束	2F
底部偏移	-80.0
已附着底部	☐
底部延伸距离	0.0
顶部约束	直到标高: 3F
无连接高度	3780.0
顶部偏移	200.0
已附着顶部	☐
顶部延伸距离	0.0

图3-12

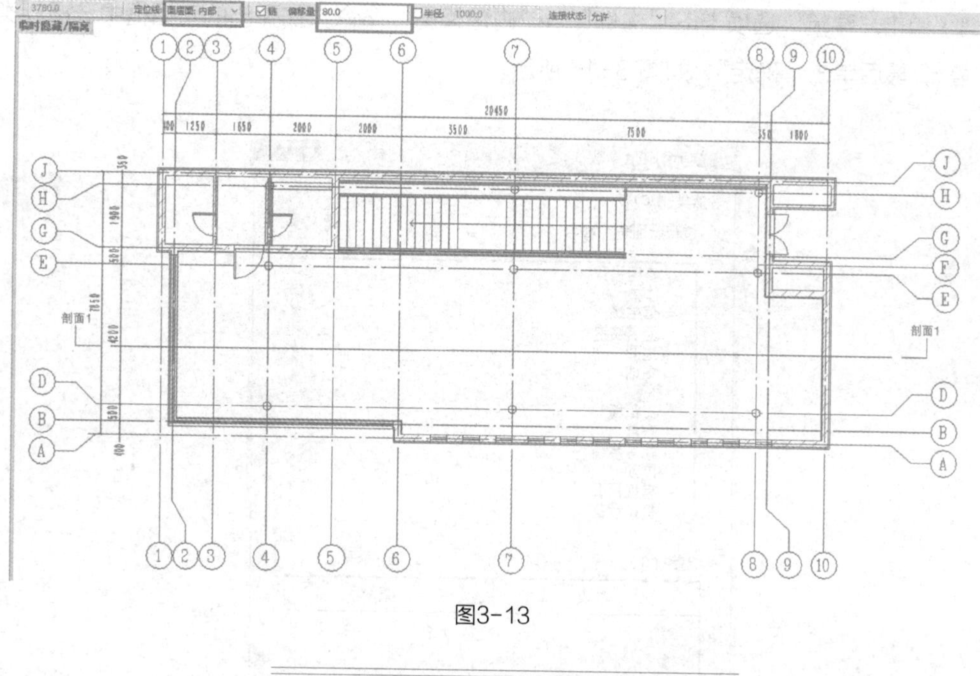

图3-13

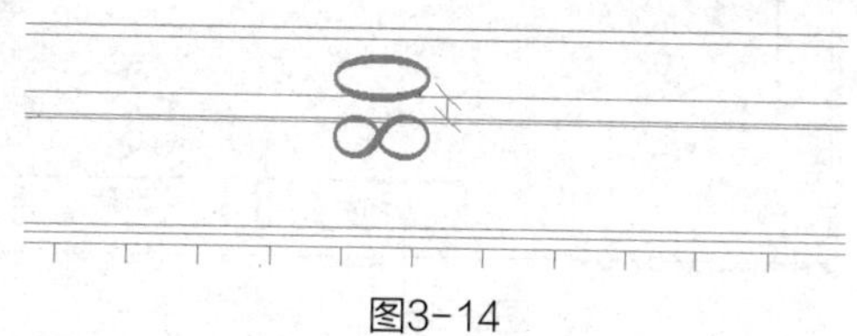

图3-14

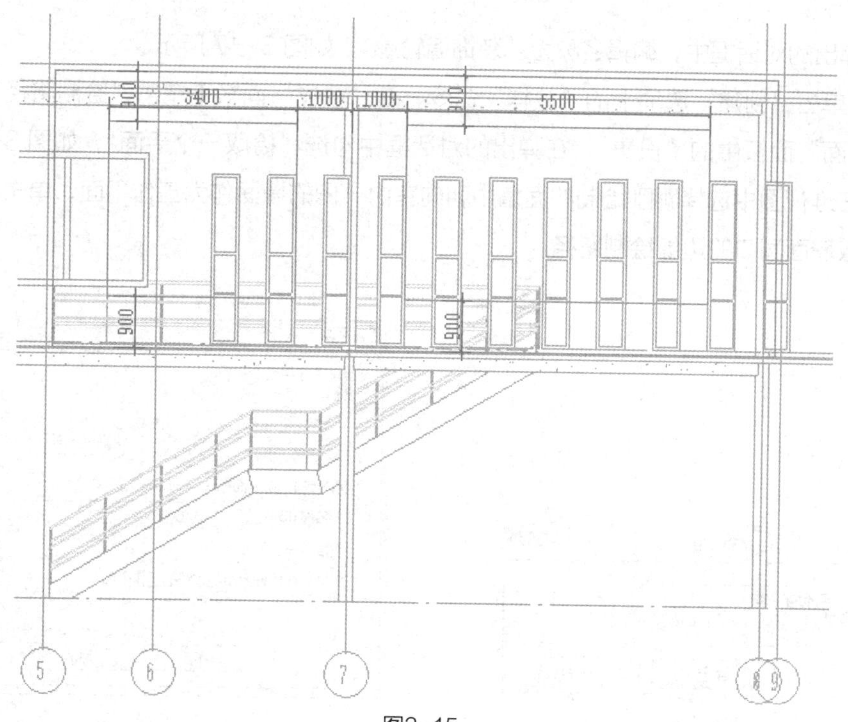

图3-15

4）单击“建筑”选项卡下“构件”→“内建模型”命令，在弹出的对话框中选择族类别为“墙”，最后单击“确定”，如图 3-16 所示。

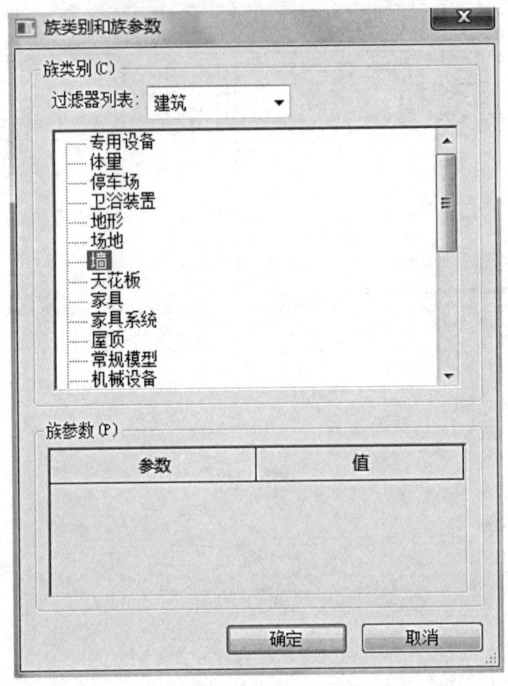

图3-16

在弹出的对话框中，编辑名称为“装饰墙轮廓”，如图 3-17 所示。

5）单击“创建”选项卡的“放样”命令，在“放样”面板下单击“绘制路径”，再单击“工作平面”面板中的“设置”，在弹出的对话框中勾选“拾取一个平面”，如图 3-18 所示，然后在三维视图中选择刚刚绘制的面墙中朝向室内一侧的墙面作为工作平面，单击“拾取线”命令拾取墙面洞口的边缘绘制路径。

图3-17

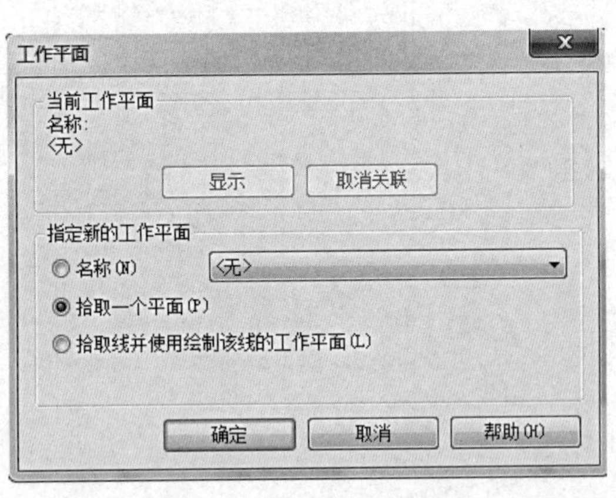

图3-18

单击“完成”绘制路径，单击“插入”选项卡下“载入族”命令，载入“无灯带线脚”单击打开，如图 3-19 所示。单击“修改 | 放样”选项卡，“选择轮廓”并在选项卡中选择“无灯带线脚”如图 3-20 所示。

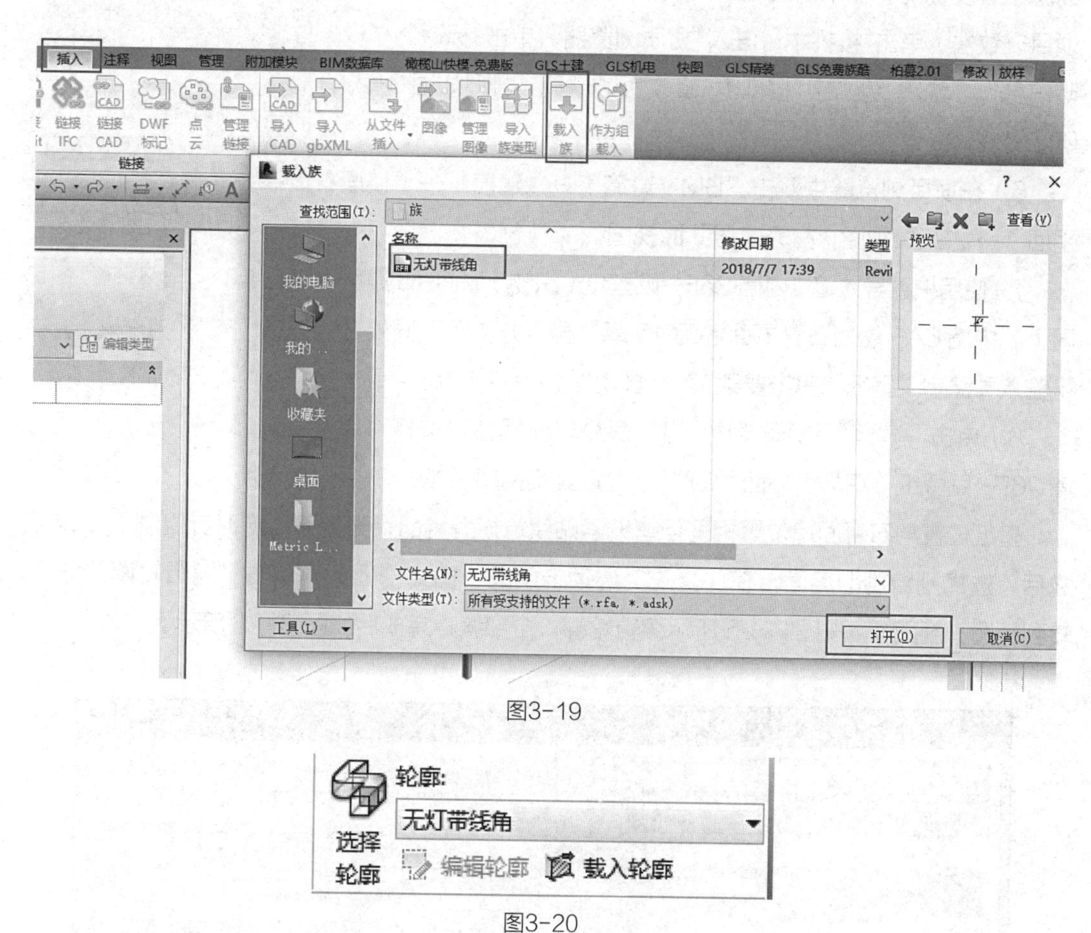

图3-19

选择轮廓　轮廓：无灯带线角　编辑轮廓　载入轮廓

图3-20

在三维视图中通过“翻转”或“角度”命令 角度: 180 翻转 应用 调整轮廓位置使之如图 3-21 所示，分别完成两个洞口的放样。

图3-21

完成放样后编辑放样材质为“樱桃木”如图 3-22 所示。

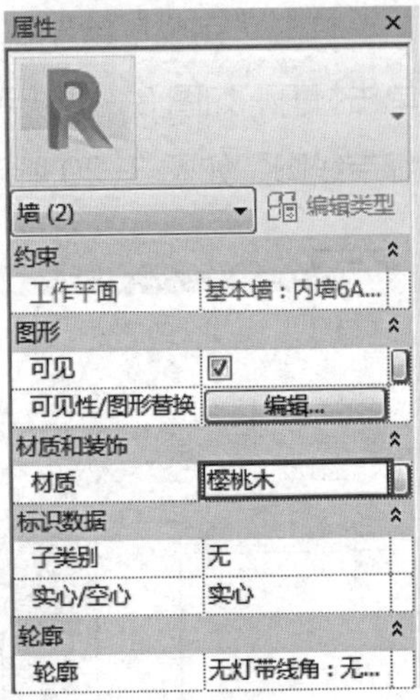

为方便之后出图我们将“樱桃木”材质加上说明为：无灯带线脚（材质说明，如果出图必须修改时，请项目经理确定，确保项目一致性）。单击“樱桃木”，进入“材质浏览器”，单击“标识”→“说明信息”→“说明”将文字“樱桃木”修改为“无灯带线脚”如图 3-23 所示。

图3-22

6）在项目浏览器中双击“BM_ 建筑”→“建模”→“楼层平面”→“2F”视图，打开二层平面视图。

7）使用柏慕导入墙“内墙 26F- 贴壁纸（织物）墙面 15 厚”，同上“内墙 6A- 粉刷石膏罩面墙面 15 厚”导入方法（不同处在于输入关键字“壁纸”单击搜索），如图 3-24（a）所示。

8）单击“建筑”选项卡下“墙”命令，在属性栏选择“内墙 26F- 贴壁纸（织物）墙面 15 厚”，设置其实例属性如图 3-24（b）所示。

壁纸位置与石膏面墙位置相同但壁纸紧贴建筑模型墙面，无偏移（逆时针绘制），绘制完成后，选择刚绘制的墙面，在“修改”选项卡中的“模式”面板再单击“编辑轮廓”命令，转到视图：剖面 1，按图 3-25 所示编辑轮廓。全部编辑完成后如图 3-26 所示。

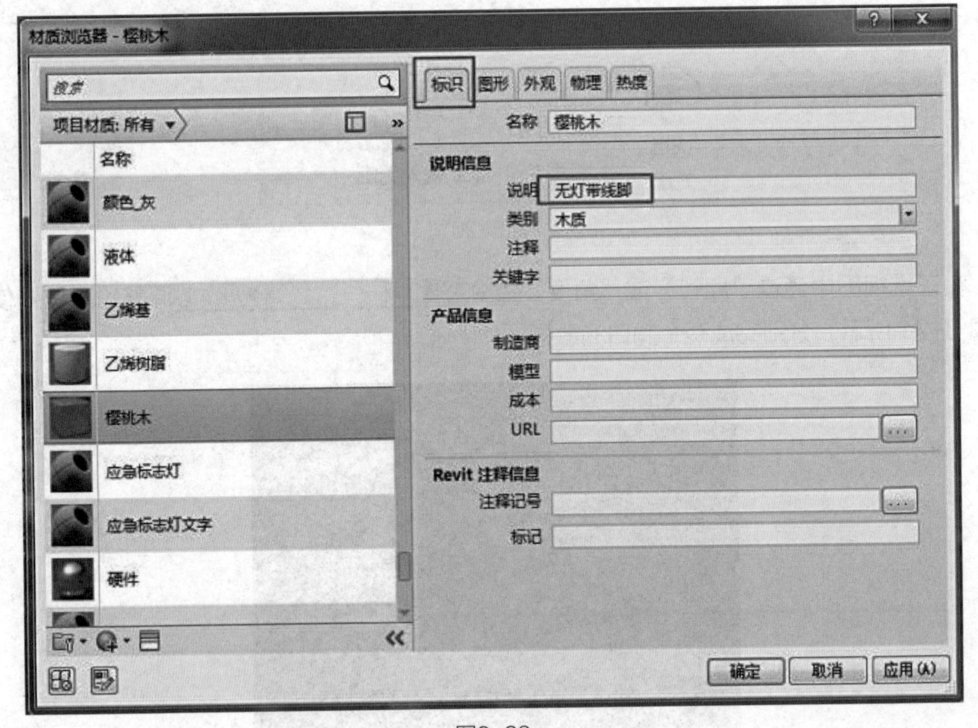

图3-23

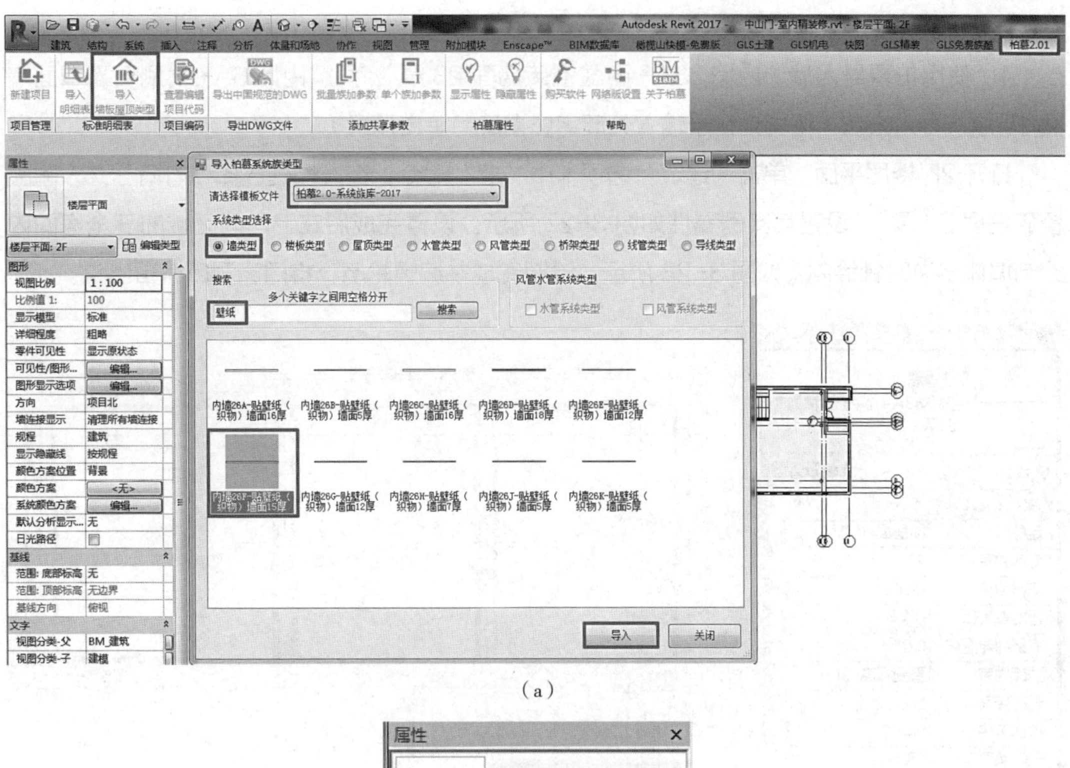

（a）

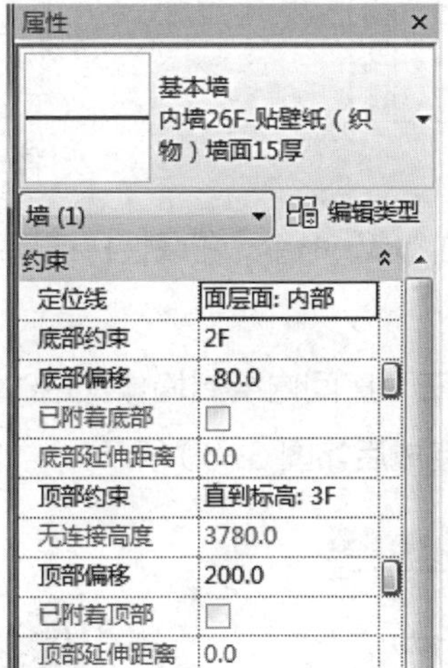

（b）

图3-24

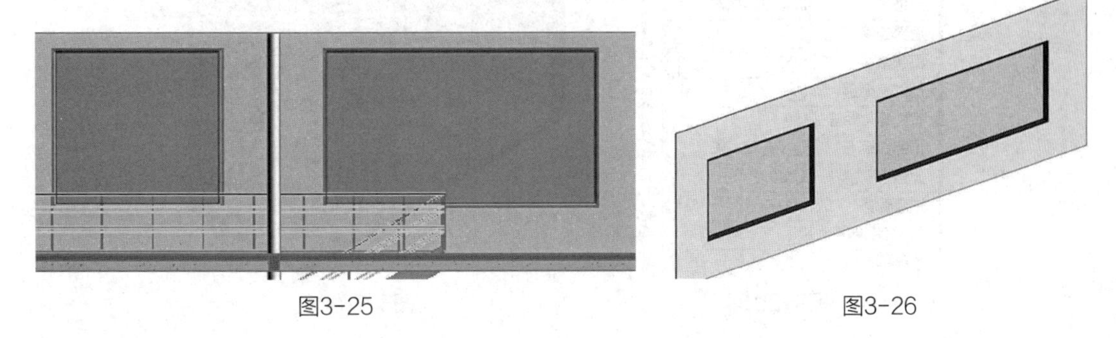

图3-25

图3-26

2. 卫生间裙墙

1）使用柏慕导入墙“内墙 33A- 耐酸瓷砖墙面 23 厚”，同“内墙 6A- 粉刷石膏罩面墙面 15 厚”导入方法（不同处在于输入关键字“瓷砖”单击搜索）。

打开 2F 楼层平面，单击“建筑”选项卡中“墙”命令，在属性栏选择“内墙 33A- 耐酸瓷砖墙面 23 厚”，设置其实例属性如图 3-27 所示。设置完成后在卫生间区域的三个房间内绘制墙体（逆时针绘制）如图 3-28 所示，绘制完成并编辑轮廓，将门窗洞口编辑出来。

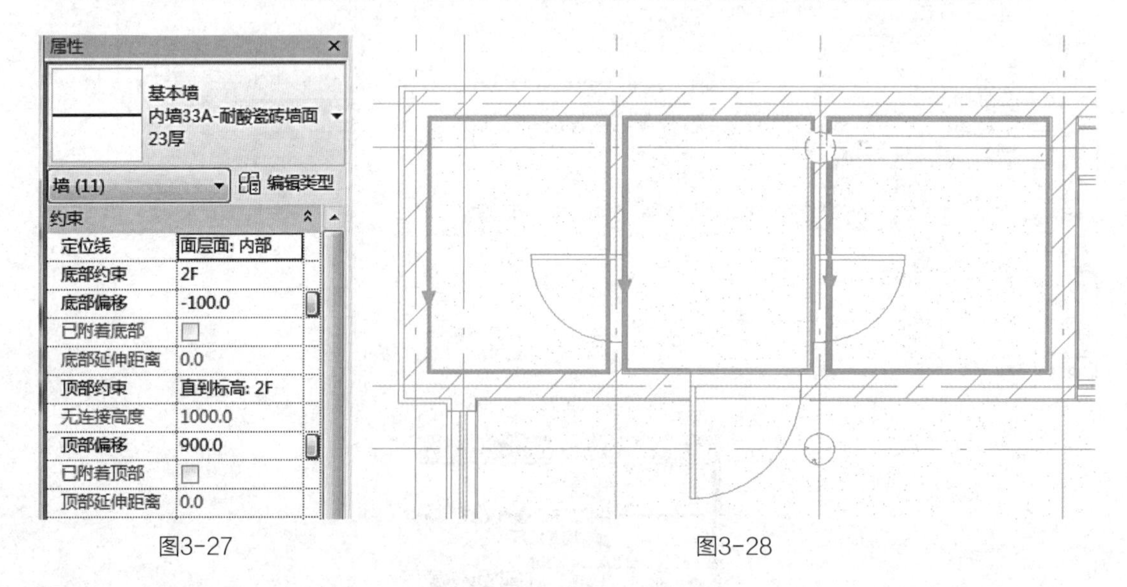

图3-27　　图3-28

2）单击“建筑”选项卡中的“墙”命令，在属性栏选择“内墙 3- 简易抹灰墙面 15 厚”，设置其实例属性如图 3-29 所示。

设置完成后在卫生间区域的三个房间内绘制墙体（逆时针绘制），绘制完成并编辑轮廓，将门窗洞口编辑出来，全部编辑完成后如图 3-30 所示。

图3-29

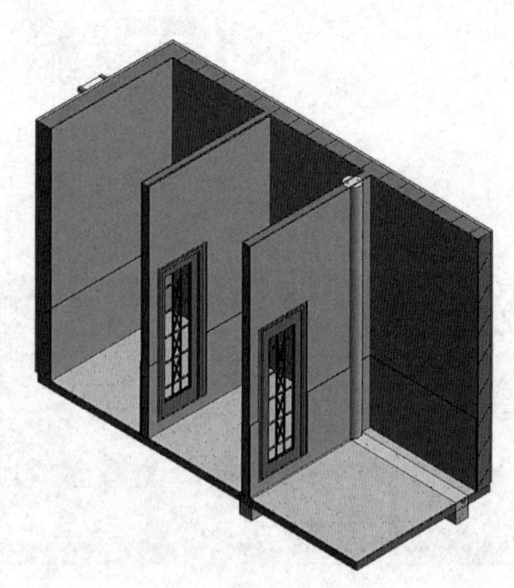

图3-30

3.2.3 楼地面

楼地面是房屋建筑地面与楼面的统称。由三部分组成，即基层（结构层）、垫层（中间层）和面层（装饰层），为满足找平、结合、防水、防潮、弹性、保温隔热、管线敷设等功能上的要求，往往还要在基层与面层之间增加若干中间层。地面按面层材料及施工方法可分为整体面层地面、块料面层地面、卷材地面、涂料地面 4 大类。

下面将结合案例分述几种楼地面的创建思路，主会议区、VIP 接待区采用实铺木地板（有龙骨），木地面是表面有木板铺钉或胶合面层的地面，常用于室内高级地面装修；卫浴区则使用陶瓷锦砖楼地面。

1. 实铺木地板

木地板施工通常有架铺式和实铺式两种，柏慕装修部分将结合实际施工在地面上先做出木框架，然后在木框架上铺贴基面板，最后在基面板上铺面层木地板，下面就结合该思路具体建模。

1）龙骨

插入“BM_ 木龙骨 - 方木”，同“无灯带线脚”载入方法。

将视图调整到 2F 楼层平面或者在三维视图中调整成为顶视图形式，单击“建筑”选项卡下“构件”→“放置构件”命令，在属性栏选择“方木”并设置其实例属性如图 3-31 所示。

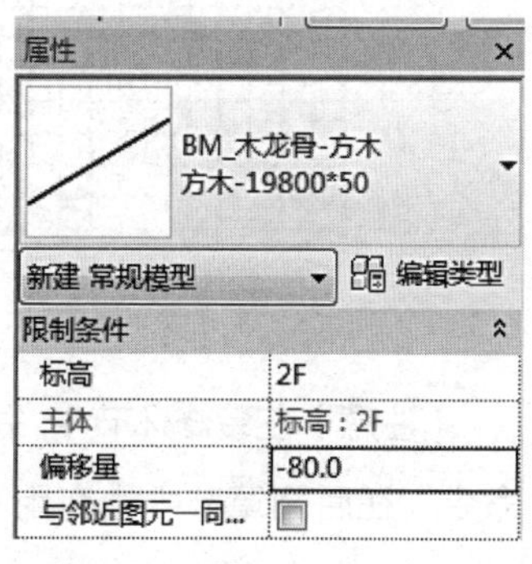

图3-31

在“方木”中选择合适的类型按照图 3-31 所示的规则摆放木地板龙骨，龙骨之间最大距离不超过 400mm，靠近墙体的龙骨均偏移 10mm。当龙骨与有柱重叠的时候应将龙骨偏移如图 3-32（a）所示。（如方木在楼层平面 2F 中不可见，可以在属性栏修改视图范围如图 3-32（b）所示。）

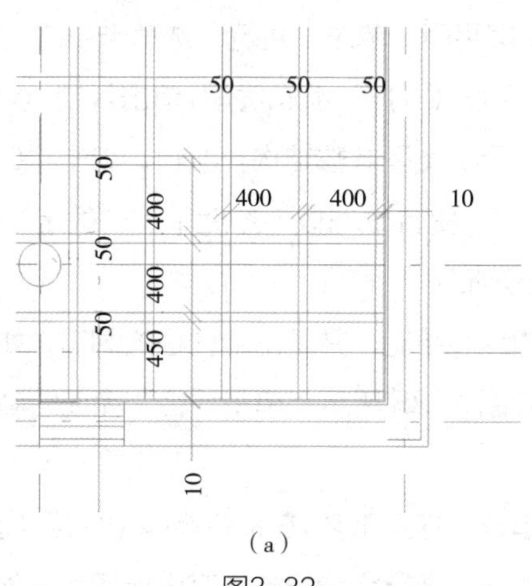

（a）

图3-32

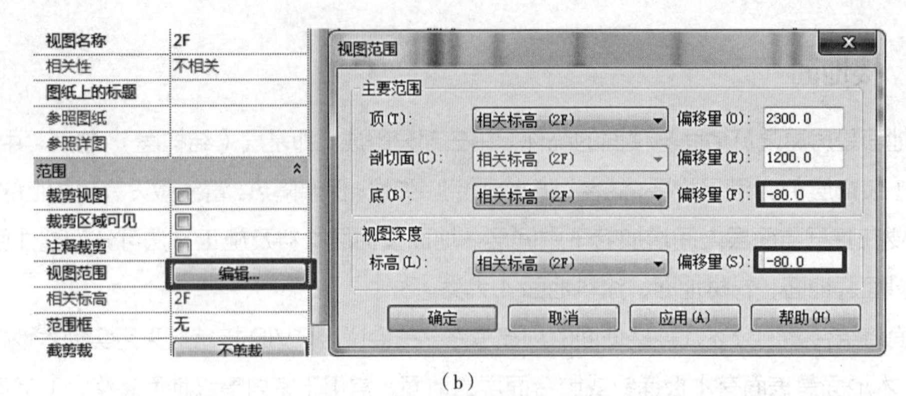

（b）

图3-32（续）

全部龙骨放置完成后效果如图 3-33 所示。

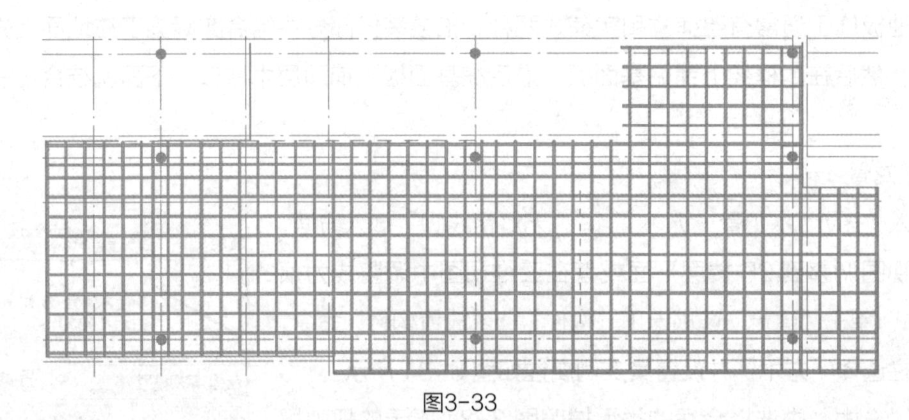

图3-33

【注意】在装修环节中，很难避免出现一些繁琐的重复工作，在创建龙骨时可以选用“阵列”命令，在后面章节中也有用“梁系统”范围添加龙骨的方法。对于装修部分，应先做到对施工方面的基本了解，然后将不同命令组合使用才能更方便更快速地建模。

2）毛地板

首先将视图调整到 2F 楼层平面，单击“建筑”选项卡中的“楼板”命令，在属性栏选择“无梁板 - 现浇钢筋混凝土 C30-100 厚”编辑类型，单击复制，修改其名称为“地 _ 木质 -15 厚”点击确定，如图 3-34 所示。类型参数结构：编辑，单击“C_ 钢筋砼 C30”，搜索“F_ 复合木地板”单击名称下的“F_ 复合木地板”最后单击“确定”如图 3-35 所示。设置厚度为 15，其实例属性如图 3-36 所示。

编辑楼板时沿面墙内侧边缘线绘制，并留出结构柱的洞口，如图 3-37 所示。

单击“完成”会弹出，如图 3-38 所示，单击“否”完成绘制。

3）面层拼板

木地板在实际施工中有错缝的施工工艺，在精装修模型中用“屋顶”命令中的“玻璃斜窗”来做面层的拼板，通过修改网格线调整错缝尺寸，其中嵌板也方便后期的工程量统计。

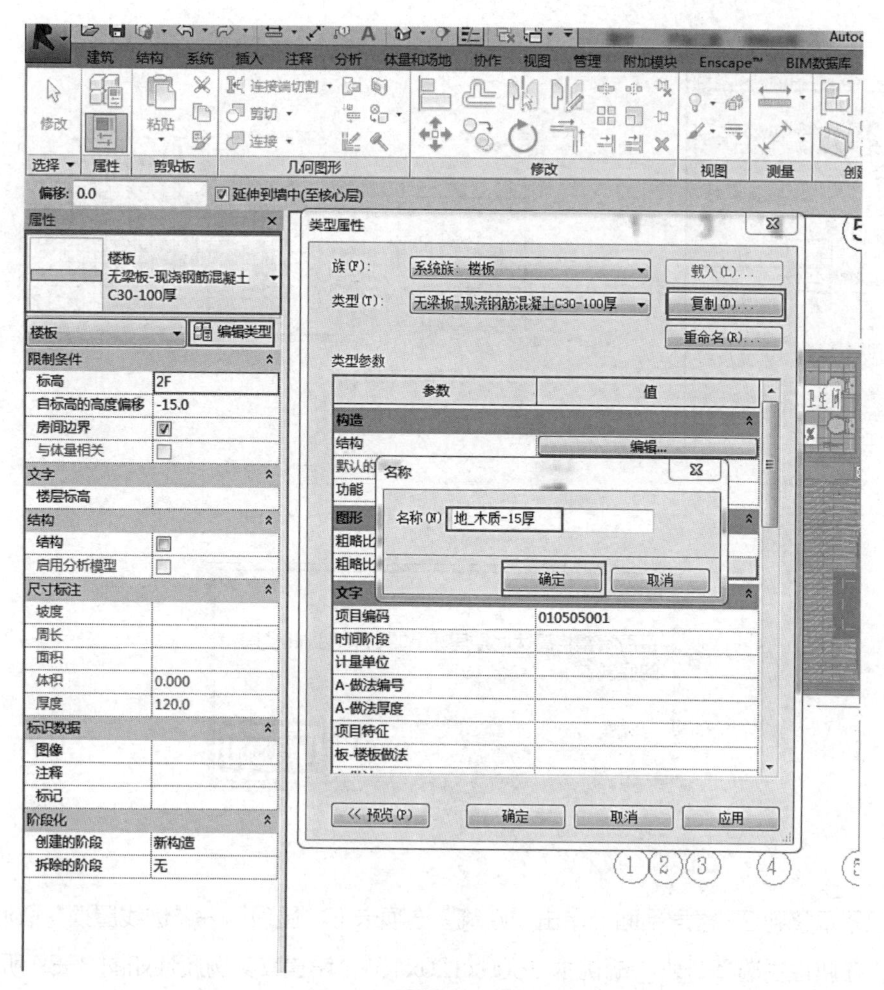

图3-34

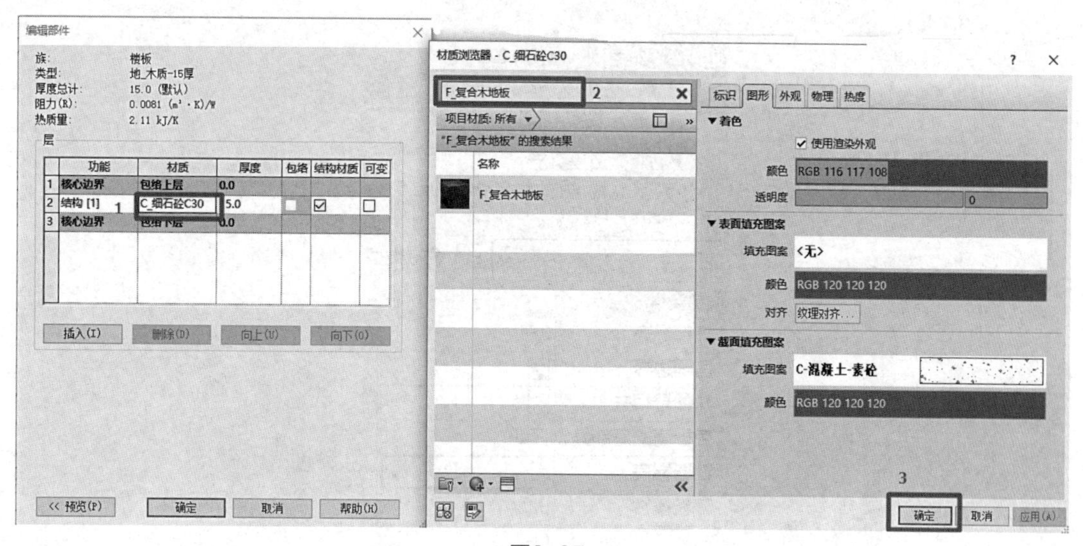

图3-35

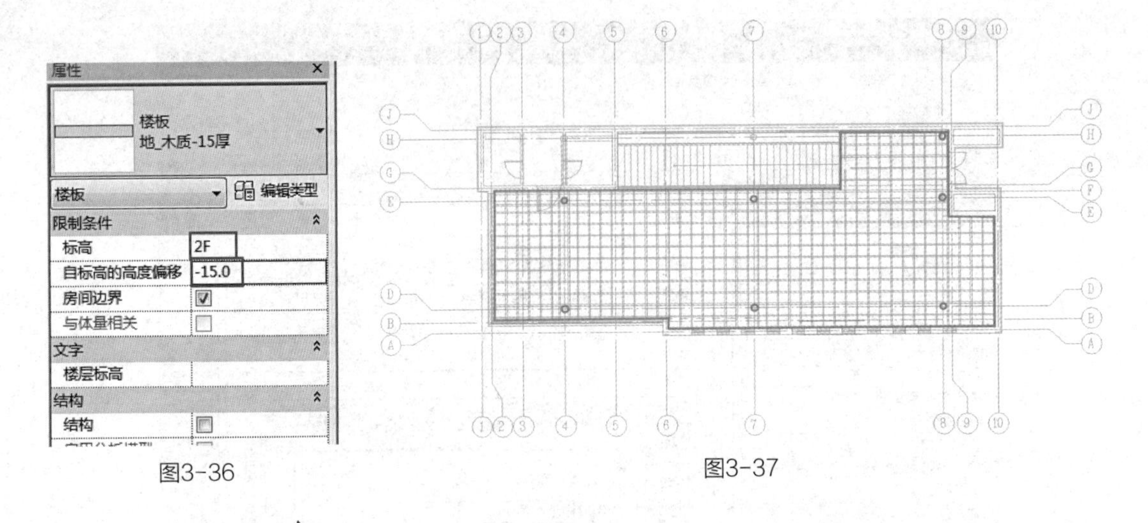

图3-36　　图3-37

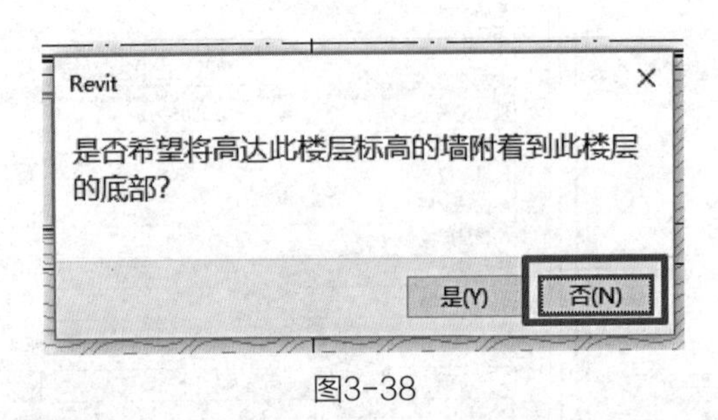

图3-38

将视图调整到2F楼层平面，单击“建筑”选项卡下“屋顶”→“迹线屋顶”取消勾选定义坡度，在属性栏选择“地_胡桃木-800x120x15”，设置其实例属性如图3-39所示。

单击“编辑类型”，将“网格1”的布局设置为“无”如图3-40所示。

图3-39

类型属性

族(F)：系统族：玻璃斜窗　　载入(L)...

类型(T)：地_胡桃木-800x120x15　　复制(D)...

重命名(R)...

类型参数

参数	值
构造	
幕墙嵌板	系统嵌板：胡桃木
连接条件	未定义
文字	
项目编码	
时间阶段	
计量单位	
项目特征	
网格 1	
布局	无
间距	800.0
调整竖梃尺寸	☑
网格 2	
布局	固定距离
间距	120.0
调整竖梃尺寸	☑
网格 1 竖梃	
内部类型	无
边界 1 类型	无

<< 预览(P)　　确定　　取消　　应用

图3-40

按图 3-41 所示编辑大厅木地板边界。

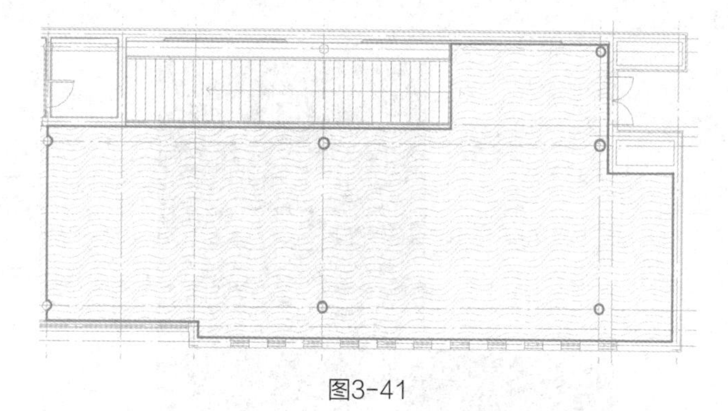

图3-41

单击“完成”结束面层拼板的制作，单击“建筑”选项卡中的“幕墙网格”命令，在“放置幕墙网格”选项卡中单击“全部分段”命令，如图 3-42 所示。

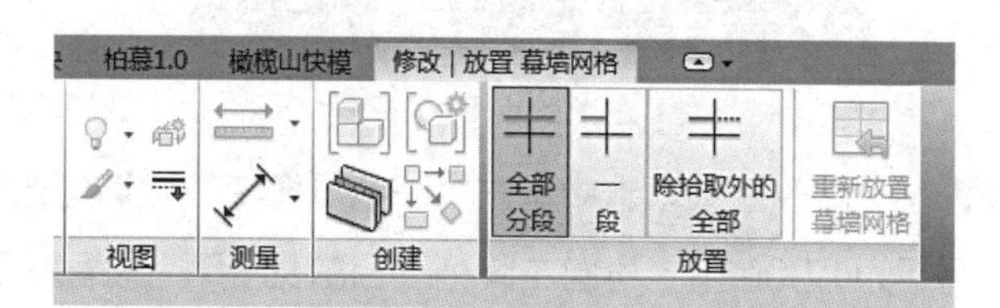

图3-42

在距离楼梯口 550mm 画两条间距 250mm 的网格线，如图 3-43 所示。

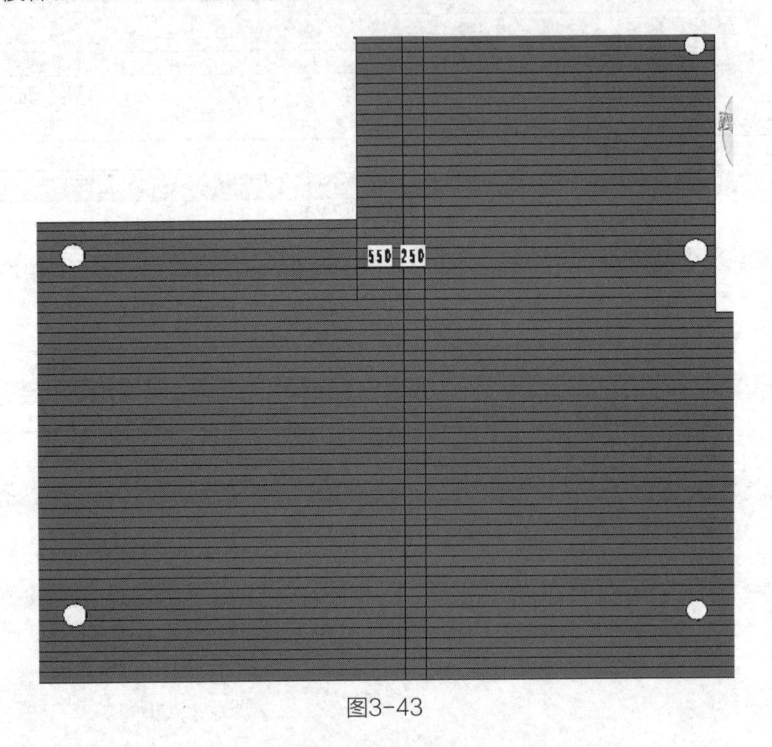

图3-43

选择一条网格线，在“修改”选项卡中单击“添加 / 删除线段”，单击网格线上不需要错缝的位置以达到拼板效果，两条线处理完成效果如图 3-44 所示。

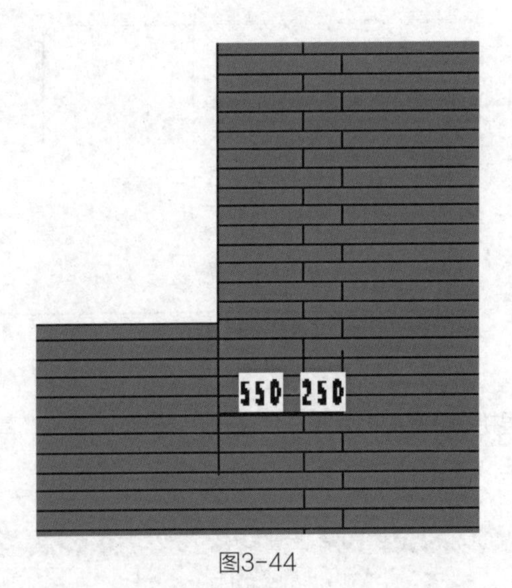

图3-44

选择两条网格线，在“修改”选项卡中单击“阵列”命令，取消勾选“成组并关联”，向右阵列项目数为 7，间距为 800mm，再向左阵列项目数为 15，间距为 800mm，完成效果如图 3-45 所示。

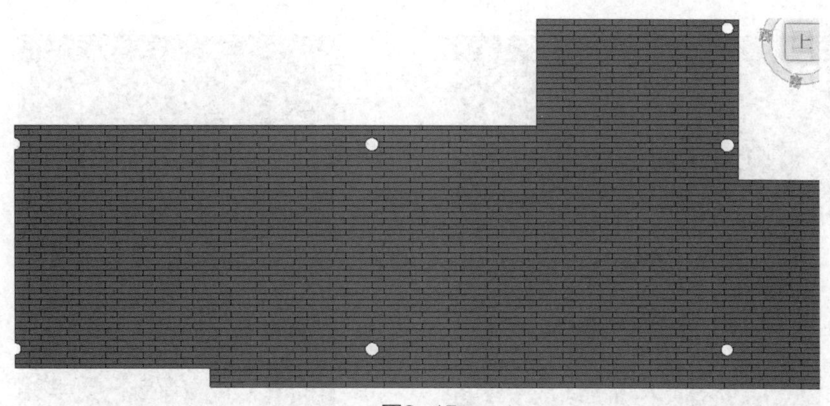

图3-45

2.VIP 区木地板

与大厅的木地板制作方式相同，单击“建筑”选项卡中“屋顶”→“迹线屋顶”，在属性栏选择“地 _ 柚木 -1200x186x15”，设置其实例属性如图 3-46 所示。

图3-46

单击“编辑类型”，将“网格 2”布局设置为“无”，如图 3-47 所示。

将视图调整到 2F 楼层平面，绘制 VIP 区的木地板边界如图 3-48 所示。

添加网格线方法与大厅木地板方式相同，放置两条间距为 600mm 的网格线，并删除拼板部分网格线如图 3-49 所示。

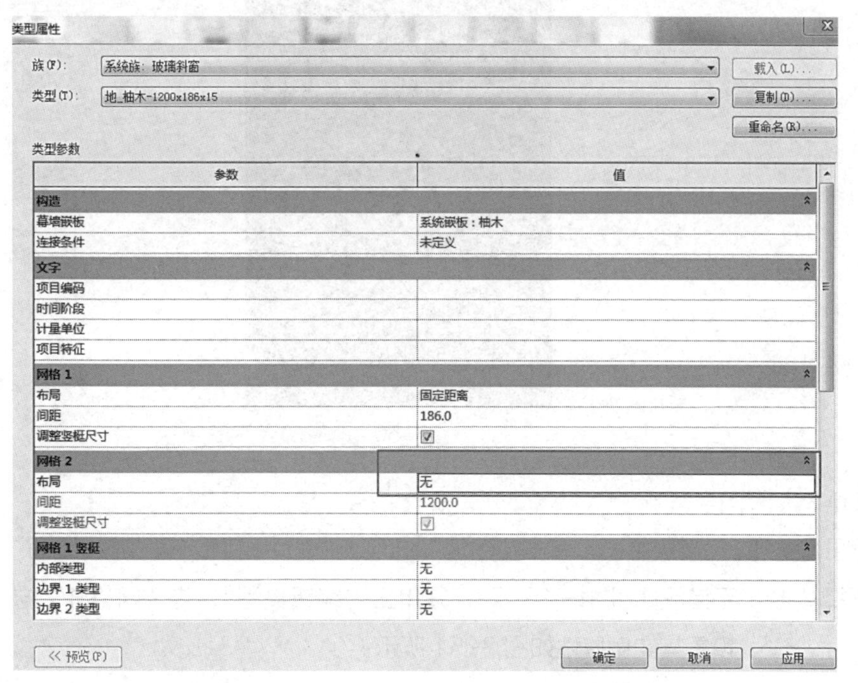

图3-47

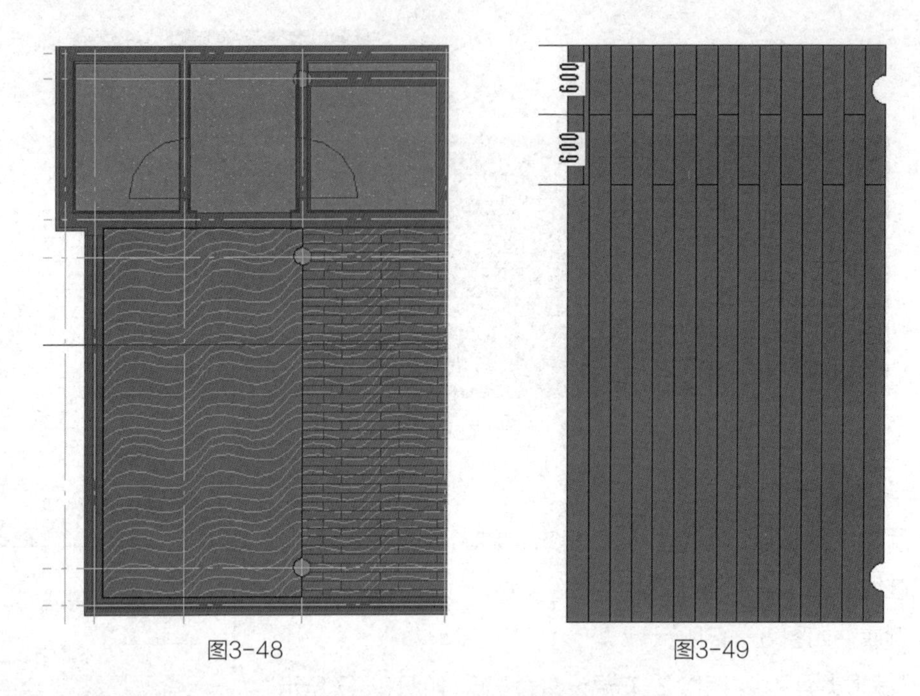

图3-48　　　　图3-49

选择两条网格线向下阵列，项目数为 4，间距为 1200mm，完成效果如图 3-50 所示。

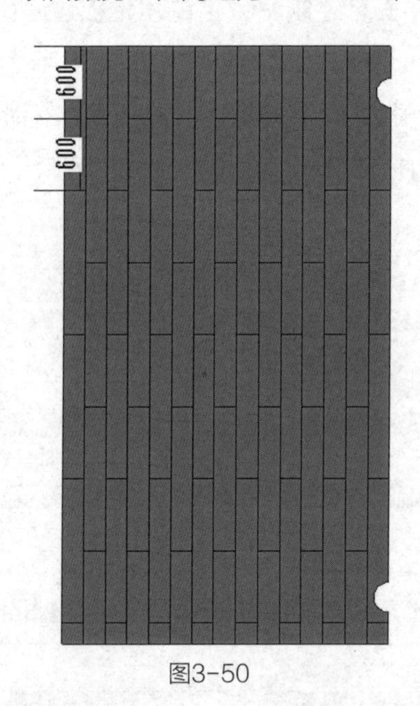

图3-50

3. 楼梯区木地板

将视图调整到 2F 楼层平面，单击“建筑”选项卡中的“屋顶”→“迹线屋顶”命令，在属性栏选择“地 _ 无错缝胡桃木 -15 厚”，并单击“编辑类型”，将“网格 1”与“网格 2”布局设置为“无”，设置其实例属性如图 3-51 所示。

在如图 3-52 所示的位置绘制木地板。

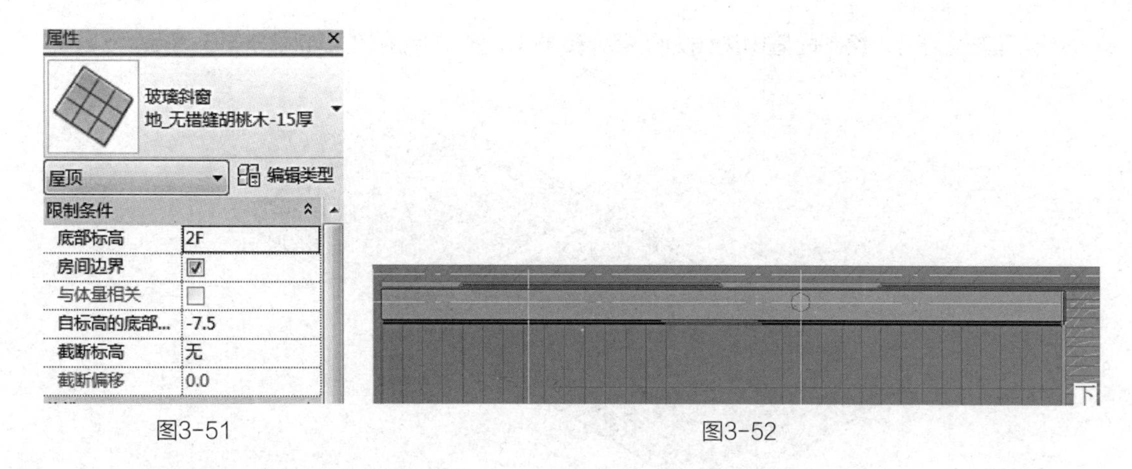

图3-51　　图3-52

4. 陶瓷锦砖地面

按照面墙内边线编辑楼板边界如图 3-53、图 3-54 所示。

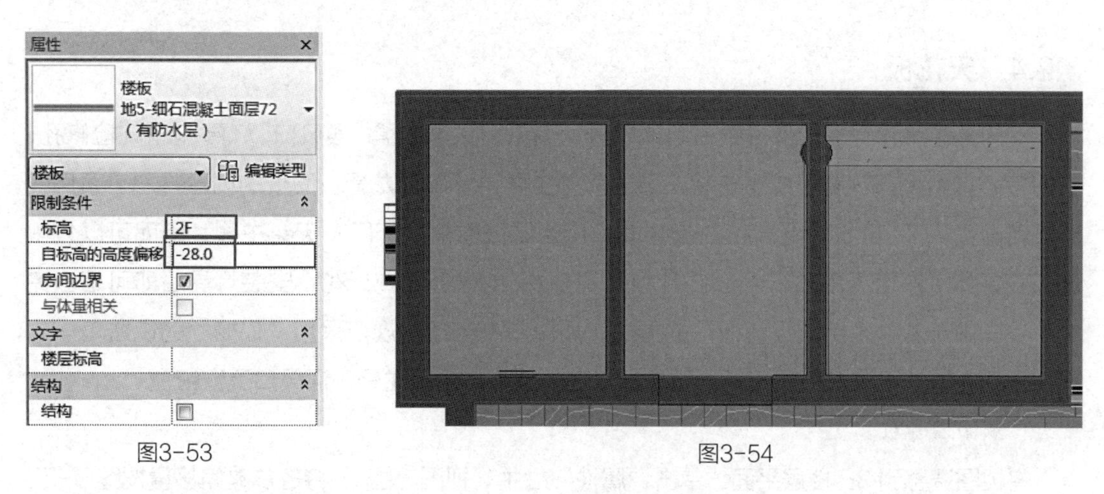

图3-53　　图3-54

单击“建筑”选项卡中“屋顶”命令，在“属性”栏选择“地_陶瓷棉砖-300x300”，设置其实例属性如图 3-55 所示。

图3-55

与铺垫层相同，绘制面墙内边线为陶瓷锦砖地面边界，完成效果如图 3-56 所示。

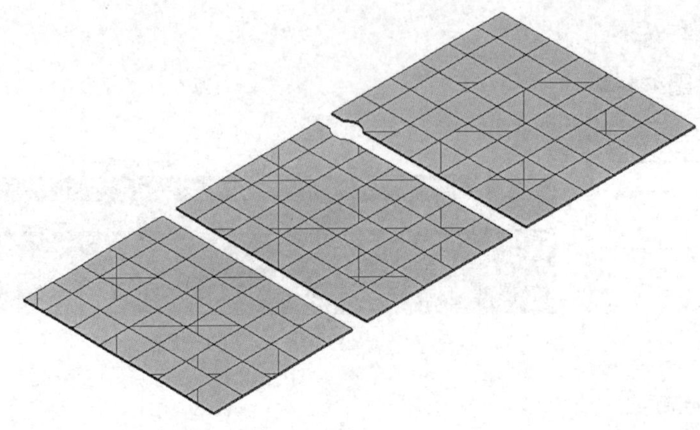

图3-56

3.2.4 天花板

室内天花吊顶组成构件主要有吊顶龙骨、天花面板、窗帘盒、通风口、灯具、喷淋、检修孔、广播等，其中大部分属于成品安装，下述案例主要讲解吊顶龙骨、面板的创建方法。案例中天花可分为 VIP 区、会议区和办公区域，且各区域都依附于同一天花主体，因而可以先创建天花主体“不上人吊顶 - 纸面石膏板”，再分别创建各区域天花，安装灯具后即可组合完成（注：由于软件采用“天花板”的提法，所以本书未依照规范采用“顶棚”的说法）。

天花主体“不上人吊顶 - 纸面石膏板”包括面板、吊顶龙骨、通风口及窗帘盒。

1. 纸面石膏板

将视图调整到 3F 楼层平面，单击“属性”栏中“视图范围”，将各参数偏移量按图 3-57 所示设置。

单击“建筑”选项卡“天花板”命令，在“属性”栏选择“天花板 - 纸面石膏板”，设置其实例属性如图 3-58 所示。

图3-57

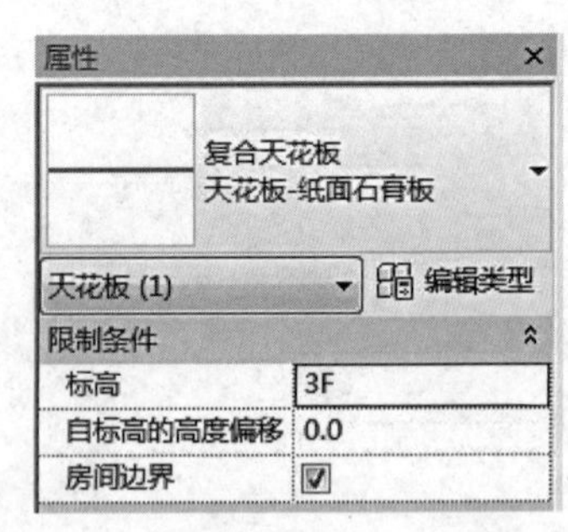

图3-58

纸面石膏板的边界绘制面墙内边线（靠近基墙的边）并向内偏移 200mm，VIP、大厅等区域天花板预留洞口，尺寸如图 3-59 所示。

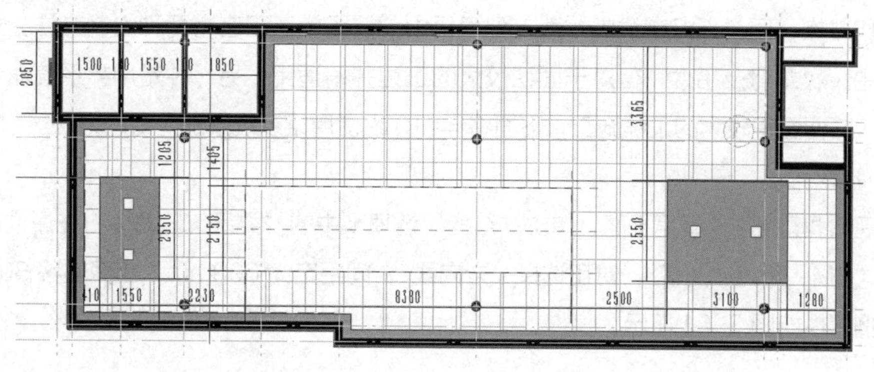

图3-59

为方便之后出图我们将“纸面石膏板”的石膏板材质加上说明为：纸面石膏板（如出图必须修改材质说明时，请项目经理确定）

单击绘制的“天花板”构件，“属性”面板中的“编辑类型”，在结构“编辑”菜单单击材质“石膏板”弹出“材质浏览器 - 石膏板”再单击“标识”，将说明输入“纸面石膏板”如图 3-60 所示，最后单击“确定”。

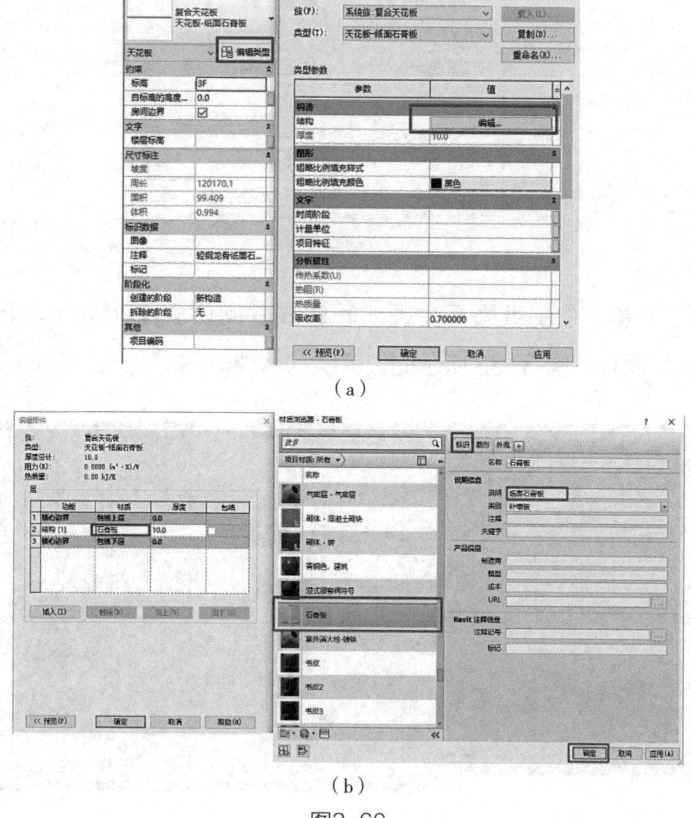

（a）

（b）

图3-60

2. 吊顶龙骨

此不上人吊顶龙骨包括“天花 - 主龙骨”“天花 - 次龙骨”及“主龙骨吊件”；这些构件都已制作成族，同“无灯带线脚”载入到项目中。按照施工工艺有两种绘制方法：一种是手动添加主、次龙骨及吊件，但对于面积较大的工程并不适用，另一种是用梁系统命令范围添加骨，方便面积较大的工程施工，下面将详细介绍使用梁系统添加龙骨的方法。

1）次龙骨

将视图调整到 3F 楼层平面，单击“结构”选项卡中的“梁系统”命令，在属性栏选择梁类型为“BM_ 天花次龙骨”，对正选择“方向线”，间距定为 600mm，立面偏移 30mm，设置其实例属性如图 3-61 所示。

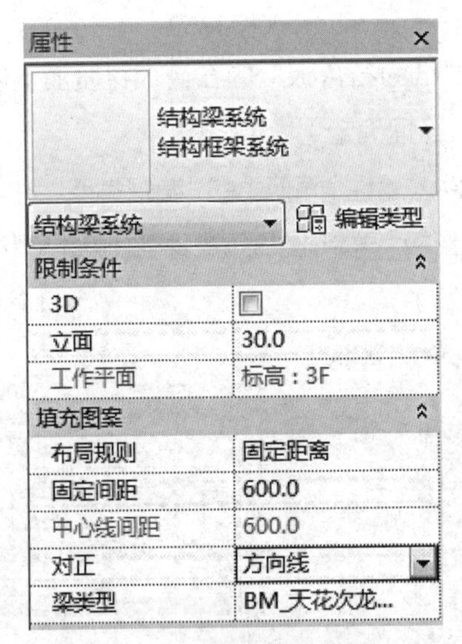

图3-61

绘制迹线时注意，绘制纸面石膏板的轮廓线并向内偏移 10mm，洞口区域向外偏移 10mm，第一条线画在如图 3-62 所示的位置绘制纵轴。

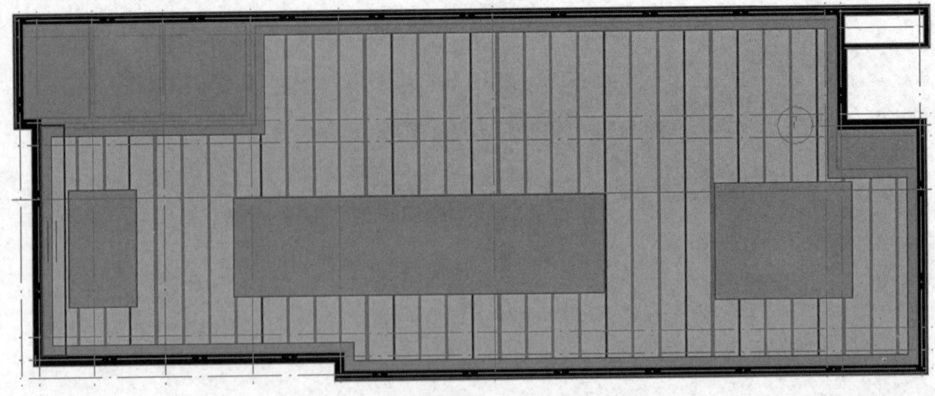

图3-62

创建完成纵向次龙骨后，结合施工建模，需再创建横向次龙骨，设置其实例属性如图 3-61 所示，绘制迹线时同样注意，第一条线画在如图 3-63 所示位置拾取纵轴，轮廓线的偏移量同纵向次龙骨。

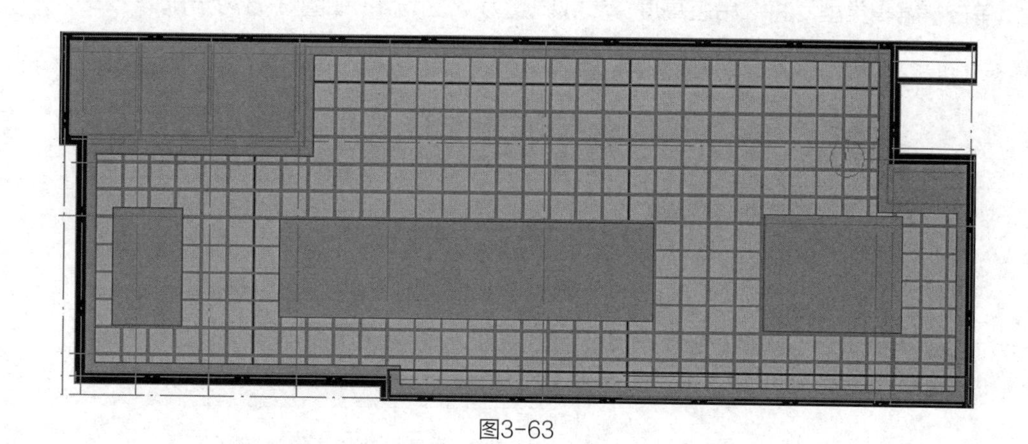

图3-63

2）主龙骨

创建完成次龙骨后，开始创建主龙骨，单击“结构”选项卡中的“梁系统”，设置其实例属性如图 3-64 所示设置。

绘制边界主龙骨同次龙骨，可参考如图 3-62 所示。绘制结果，如图 3-65 所示。

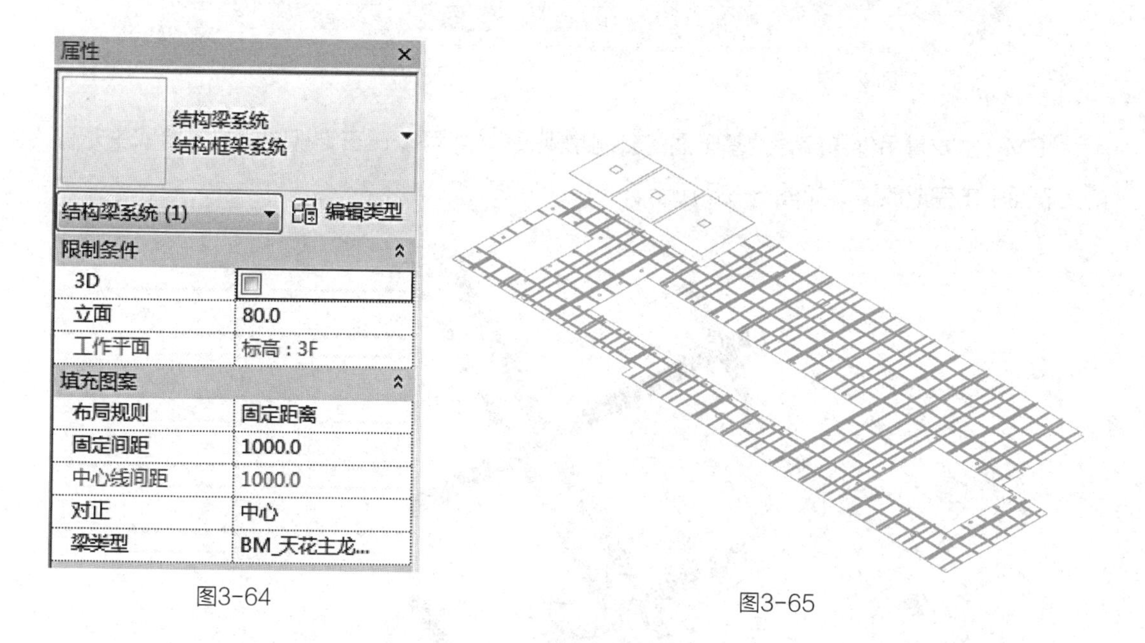

图3-64

图3-65

【注意】画主龙骨的时候不需要特意界定第一条线在哪，但第一条线要与纵向次龙骨方向一致，主龙骨也同样使用次龙骨的偏移规则。

3）吊筋

吊筋需要手动放置，单击“建筑”选项卡中的“构件”→“放置构件”命令，在“属性”栏选择“BM_ 主龙骨吊件”如图 3-66 所示。

单击“编辑类型”将“吊装高度”参数调整为 772mm，如图 3-67 所示。

属性

BM_主龙骨吊件

常规模型 (1)　编辑类型

限制条件	
主体	BM_天花主龙骨：...
立面	80.0
尺寸标注	
体积	0.000

图3-66

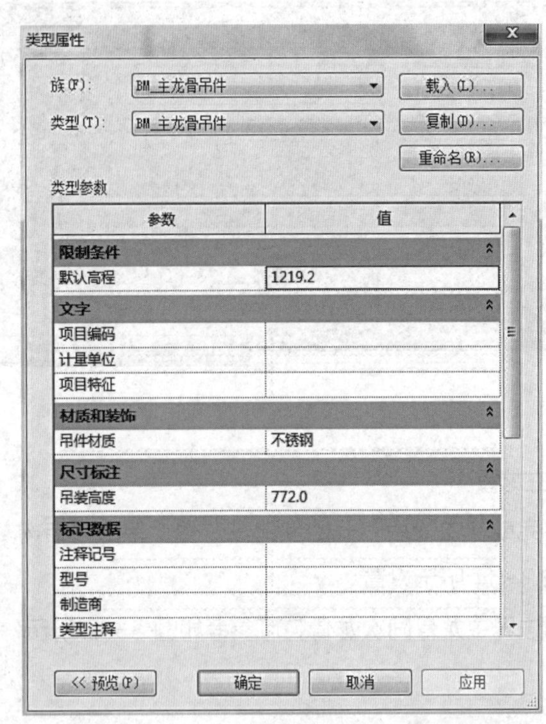

图3-67

“BM_ 主龙骨吊件”族为“基于面的公制常规模型”，可以在三维视图模式下拾取主龙骨的上表面单击完成放置，如图 3-68 所示。

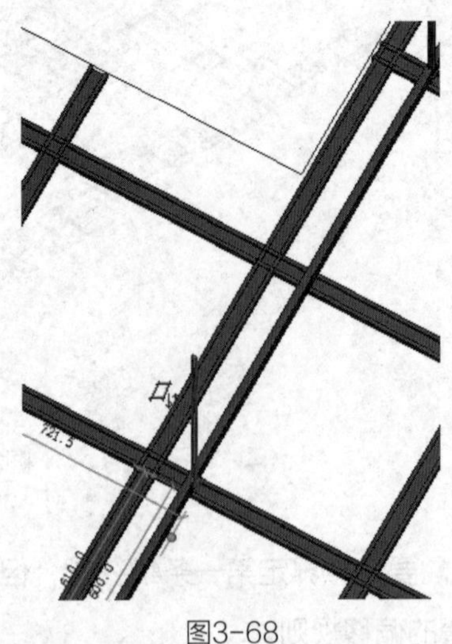

图3-68

放置完成一根吊筋后，将视图调整 3F 楼层平面，调整吊筋距纸面石膏板最南侧边线为 600mm，沿主龙骨方向阵列，项目数依据主龙骨长度而定，间距为 1200mm，如图 3-69 所示。

主、次龙骨及吊筋全部放置完成效果如图 3-70 所示。

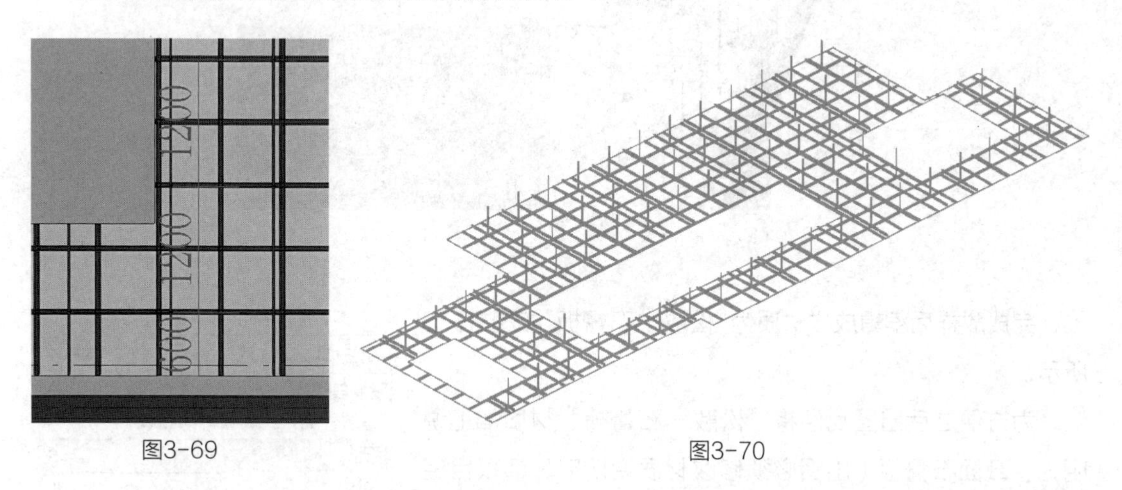

图3-69　　　　图3-70

为方便之后出图我们将“BM_ 主龙骨吊件”的吊件材质加上说明为：吊件（材质说明，出图必须修改时，请项目经理确定）

单击“BM_ 主龙骨吊件”构件，“属性”面板“编辑类型”吊件材质中单击“不锈钢”弹出“材质浏览器 - 不锈钢”单击“标识”，将说明输入“吊件”如图 3-71 所示，再单击“确定”。

3. 窗帘盒

将视图调整到三维视图，单击“建筑”选项卡中的“构件”→“内建模型”命令，选择族类别为“天花板”，并命名为“天花板 - 天花边缘”，再单击“放样”命令，在三维视图下设置纸面石膏板的上表面为工作平面，用“绘制路径”命令拾取纸面石膏板的外边线，单击“完成”，再单击“编辑轮廓”，编辑如图 3-72 所示的轮廓。

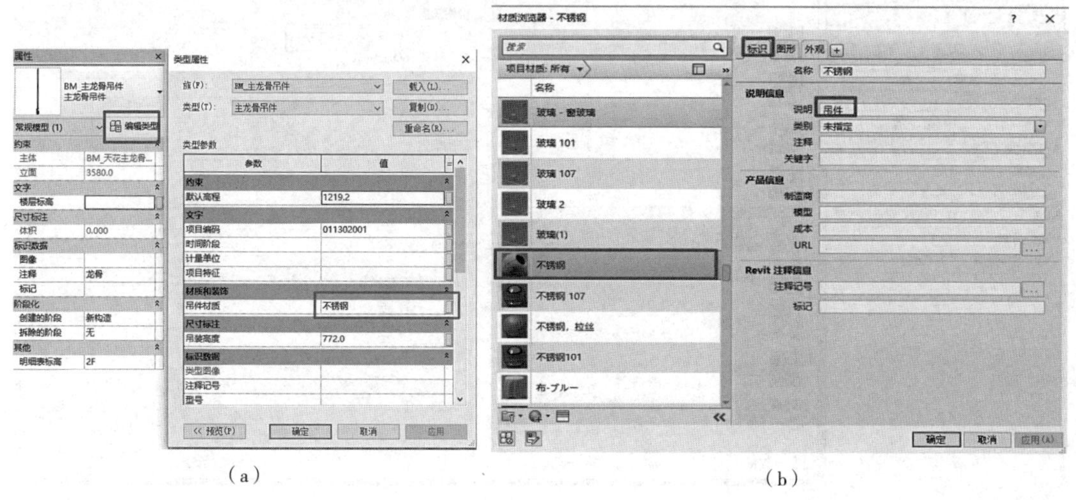

（a）　　　　（b）

图3-71

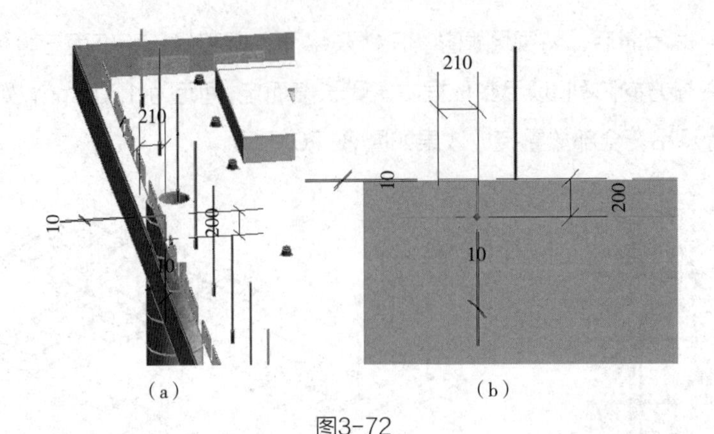

图3-72

完成放样后编辑放样材质为“松散－石膏板”如图 3-73 所示。

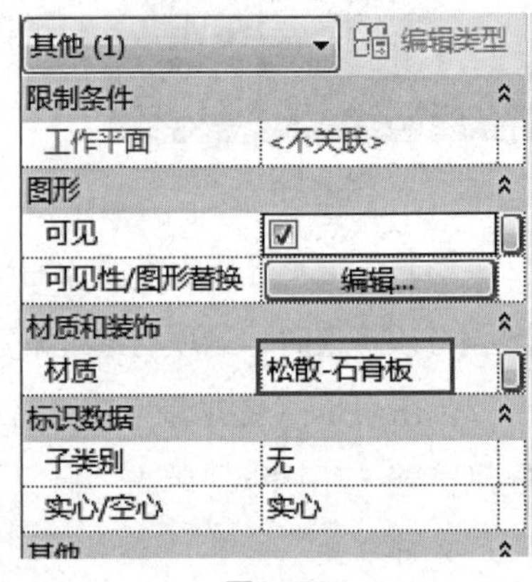

图3-73

为方便之后出图我们将“松散－石膏板”材质加上说明为：纸面石膏板（出图必须修改材质说明时，请项目经理确定）

单击“松散－石膏板”，进入“材质浏览器”，单击“标识”→“说明信息”→“说明”将文字“内部面层”修改为“纸面石膏板”，如图 3-74 所示。

4. 风口饰板

窗帘盒创建完成后，将视图调整到三维视图，单击“建

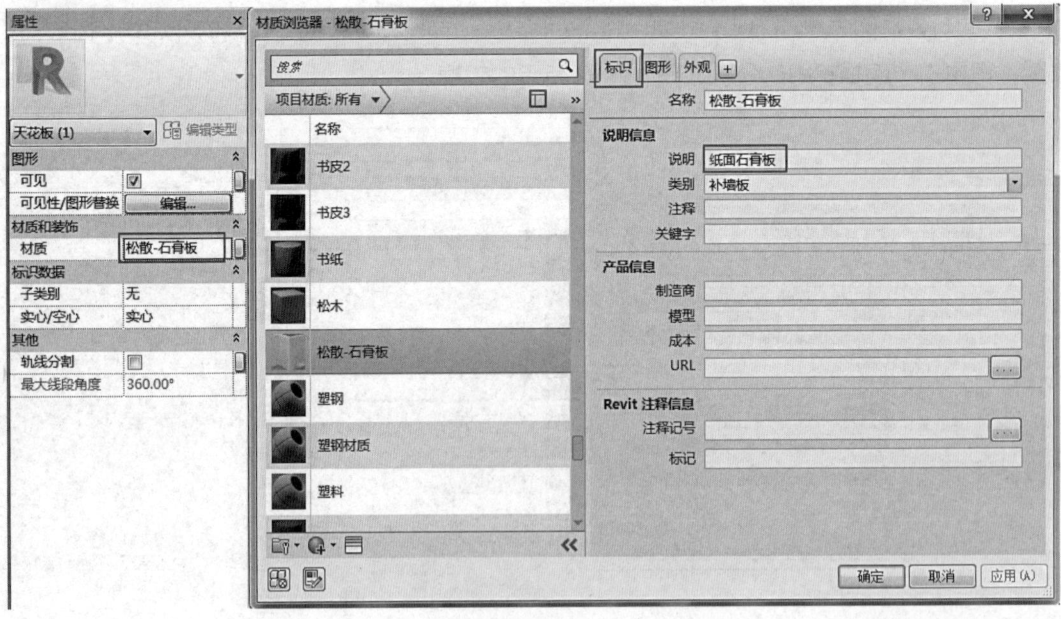

图3-74

筑”选项卡中的“构件”→“放置构件”命令，在“属性”栏选择“BM_风口饰板”，构件都已制作成族，同“无灯带线脚”载入到项目中。该族为“基于面的公制常规模型”，可直接拾取窗帘盒内侧放置，设置其实例属性，如图 3-75 所示。

将“风口饰板”的位置调整到次龙骨的中间位置，放置完成后效果如图 3-76 所示。

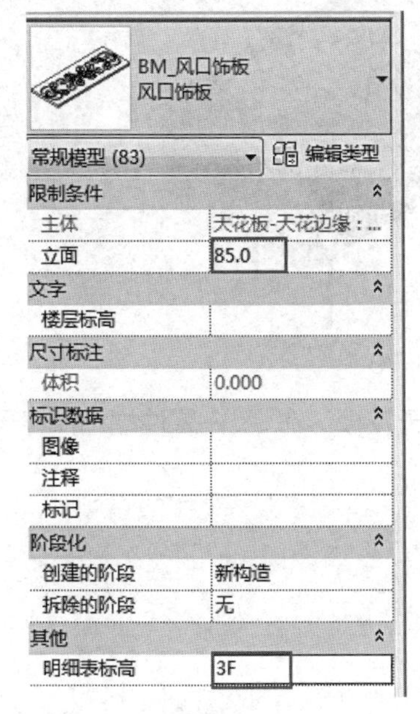

图3-75

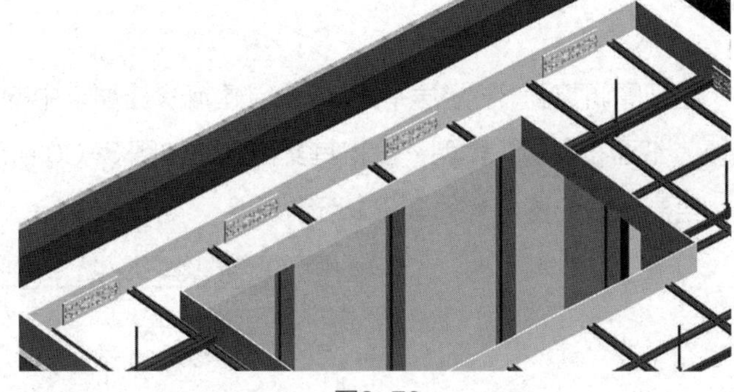

图3-76

5. 区域天花

将视图调整到三维视图，单击“建筑”选项卡中的“构件”→“内建模型”命令，选择族类别为“天花板”，并命名为“天花板 - 区域边缘”，单击“创建”“放样”命令，单击“工作平面”→“设置”，在弹出的“工作平面”对话框中设置选择“拾取一个平面”项，在“三维视图”中点击拾取“天花板 - 纸面石膏板”，单击“拾取路径”拾取如图 3-77 所示位置边界线，单击“完成”，分别创建路径。

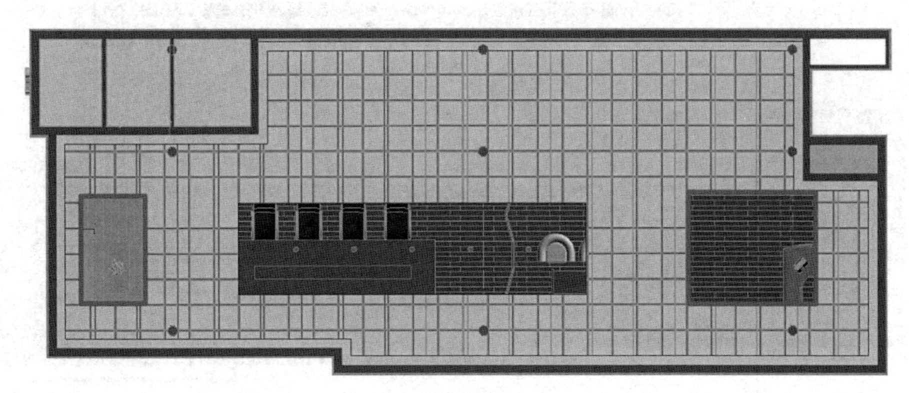

图3-77

单击“编辑轮廓”命令，放样轮廓尺寸如图 3-78 所示。

创建完成后设置材质为“松散 _ 石膏板”，效果如图 3-79 所示。

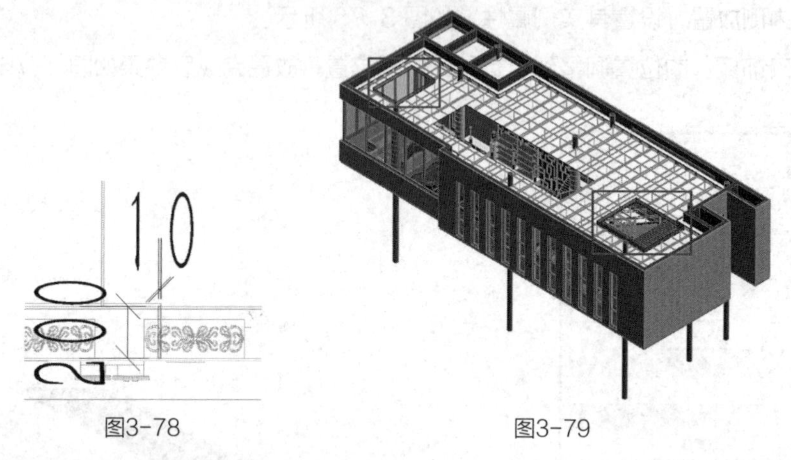

图3-78　　　　图3-79

将视图调整到 3F 楼层平面，单击“建筑”选项卡中的“天花板”命令，在属性栏选择“天花板 - 纸面石膏板”类型，设置其实例属性如图 3-80 所示。

绘制轮廓位置参考图 3-81 所示。

图3-80

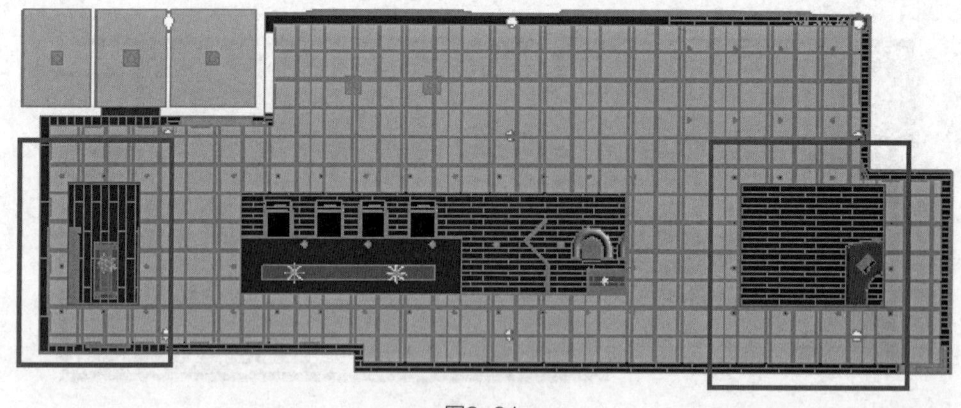

图3-81

6. 主会议区天花

打开 3F 平面视图，主会议区天花创建前需使用“参照平面”命令在楼层平面视图中绘制五条参照平面并标记，以方便内建模型参照，如图 3-82 所示。单击“视图”选项卡中“创建”面板下的“剖面”命令。绘制剖切线创建剖面 2 视图，将剖切范围拖拽至适当的区域。

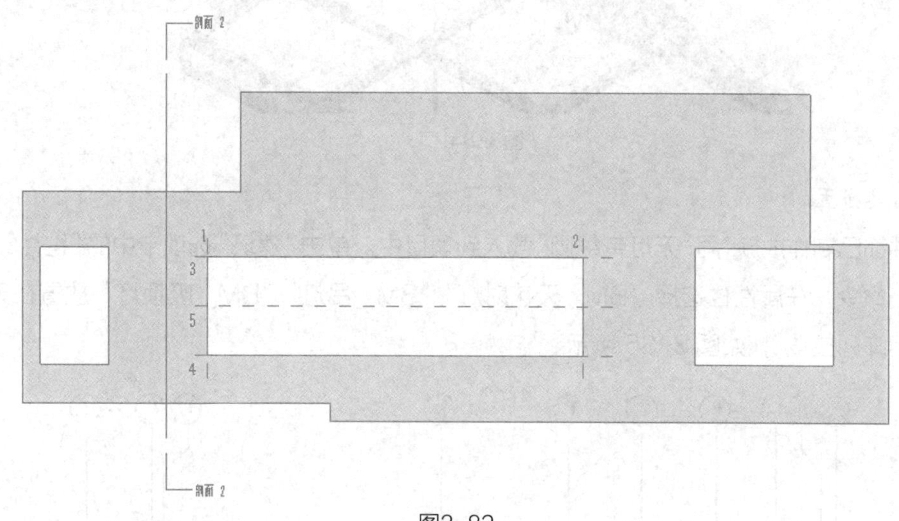

图3-82

单击“建筑”选项卡中的“构件”→“内建模型”命令，选择族类别为“天花板”，并命名为“天花板 - 主会议区”，单击“创建”选项卡中的“拉伸”命令，设置图 3-82 中的 1 号参照平面为工作平面，进入剖面 2 视图绘制如图 3-83 所示轮廓，单击“完成”命令，将拉伸终点对齐在 2 号参照平面上，将拉伸材质设为“松散 _ 石膏板”。

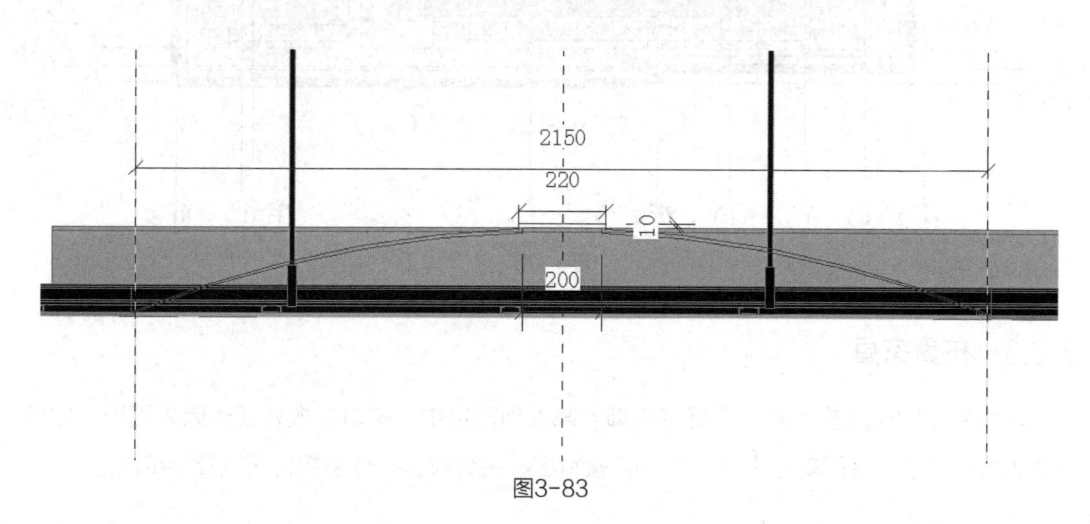

图3-83

使用同样方法，创建主会议区天花的两侧挡板，拉伸起点与终点差值为 10mm，完成效果如图 3-84 所示。

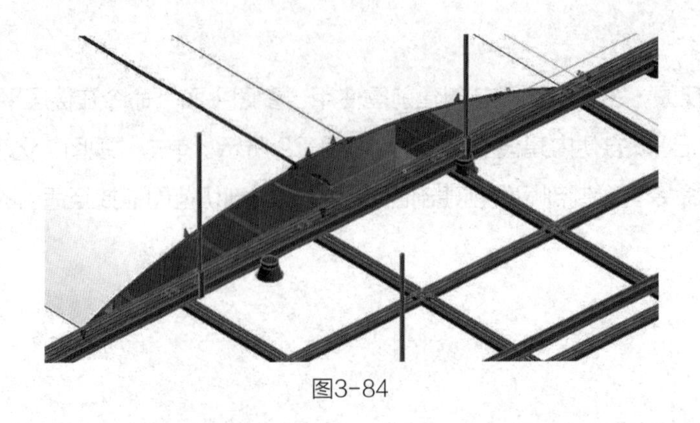

图3-84

7. 灯具布置

构件都已制作成族，同“无灯带线脚”载入到项目中。单击“建筑”选项卡中的“构件”→“放置构件”命令，在属性栏选择“BM_ 天花射灯”“BM_ 吊灯”“BM_ 吸顶灯”放置在天花板上（可用阵列放置），如图 3-85 所示。

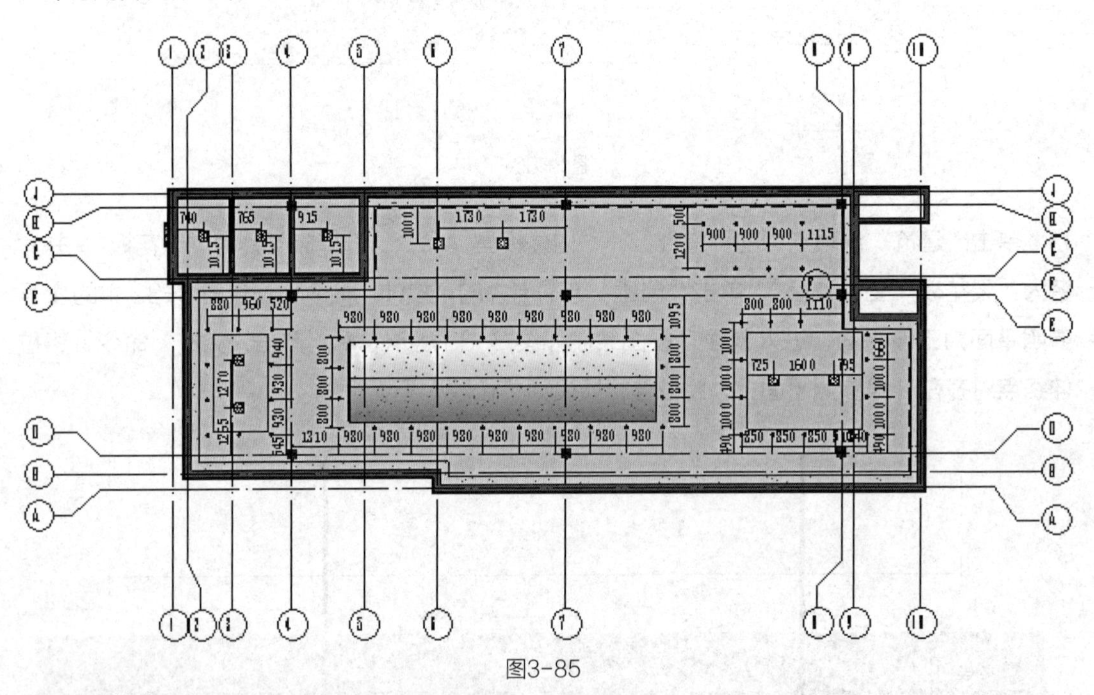

图3-85

3.2.5 布置家具

家具都已制作成族，同“无灯带线脚”载入到项目中。家具摆放方式也因人而异，此精装修为售楼中心，空间功能大致分为 VIP 接待区、主会议区、休息接待区以及接待前台。

1. 放置家具

首先需在平面内确定家具的位置，将视图调整到 2F 楼层平面，单击“属性”栏下的“视图范围”，按图 3-86 所示调整各参数偏移量。

图3-86

单击“建筑”选项卡中的“构件”→“放置构件”命令，即可放置家具族，家具的尺寸可以根据所在位置进行调整，例如选择“BM_ 单人沙发凳”，单击“编辑类型”可调整家具的尺寸参数及材质参数，如图 3-87 所示。

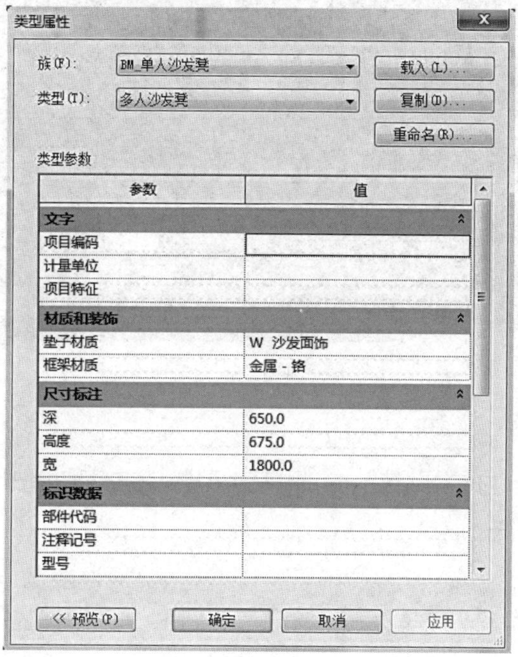

类型属性

族(F): BM_单人沙发凳　载入(L)...

类型(T): 多人沙发凳　复制(D)...

重命名(R)...

类型参数

参数	值
文字	
项目编码	
计量单位	
项目特征	
材质和装饰	
垫子材质	W 沙发面饰
框架材质	金属 - 铬
尺寸标注	
深	650.0
高度	675.0
宽	1800.0
标识数据	
部件代码	
注释记号	
型号	

<< 预览(P)　确定　取消　应用

图3-87

平面内放置的家具，可以配合三维视图，准确定位家具位置，在三维视图下勾选属性栏下的“剖面框”，如图 3-88 所示。

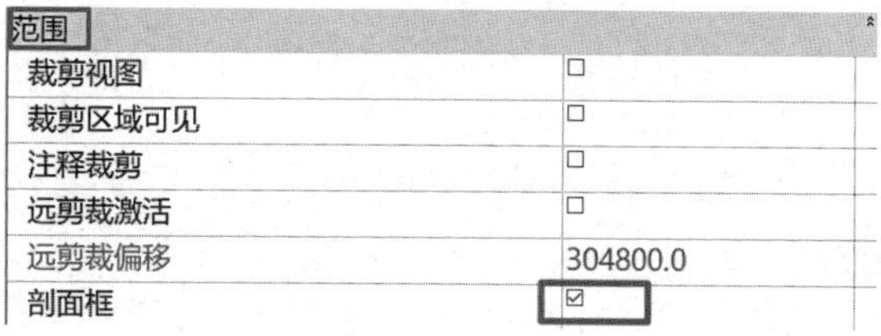

范围	
裁剪视图	☐
裁剪区域可见	☐
注释裁剪	☐
远剪裁激活	☐
远剪裁偏移	304800.0
剖面框	☑

图3-88

调整好剖切框即可在三维的立面里调整家具的准确标高，如图 3-89 所示。

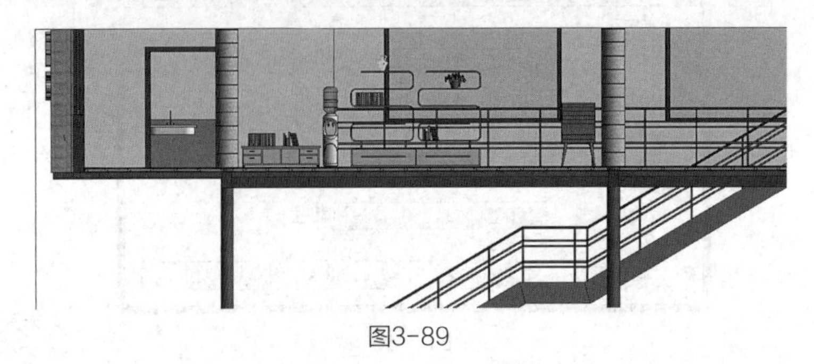

图3-89

根据 VIP 接待区、主会议区、休息区及前台的功能需求，家具的放置完成效果，如图 3-90 所示，仅供参考。

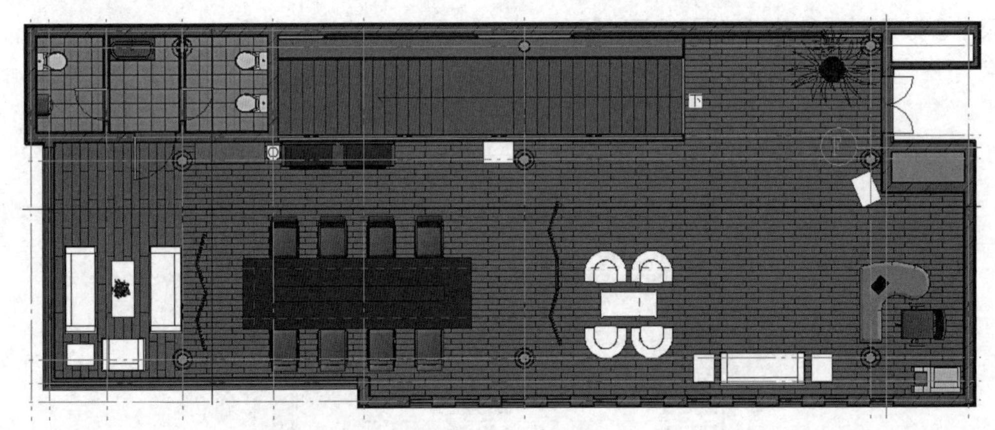

图3-90

2. 贴花

单击“插入”选项卡中的“贴花”→“贴花类型”，在左下角单击“新建贴花”，并命名为“油画 1”，如图 3-91 所示。

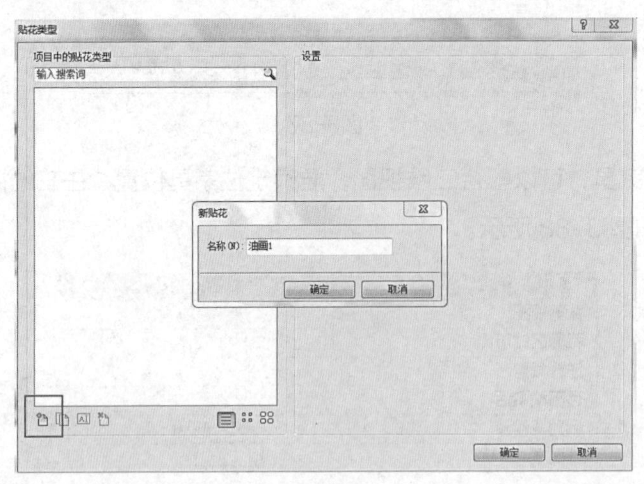

图3-91

单击“确定”，单击右上角的“浏览”选择贴花所在文件夹，如图 3-92 所示。

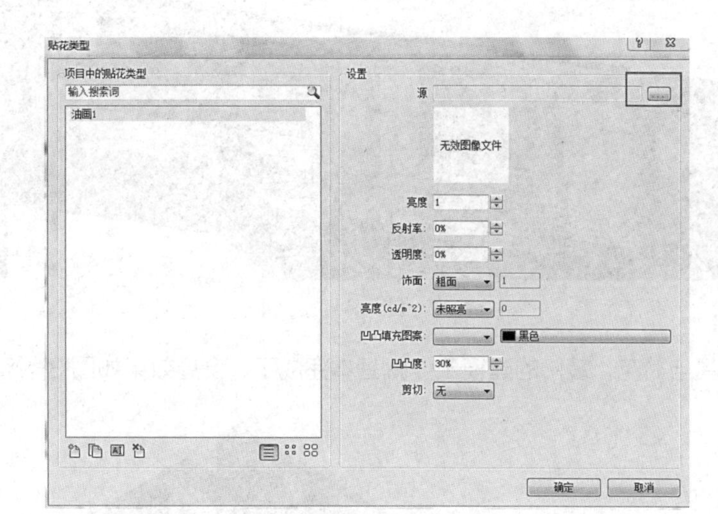

图3-92

在“贴图库”中选择“油画 1”，如图 3-93 所示。

图3-93

单击“打开”,完成贴花类型“油画 1”的创建。单击“插入”选项卡中的“贴花”→“放置贴花”,在三维视图里选择楼梯处的壁纸,放置并调节好尺寸。同样方法载入并放置“油画 2”,效果如图 3-94 所示。

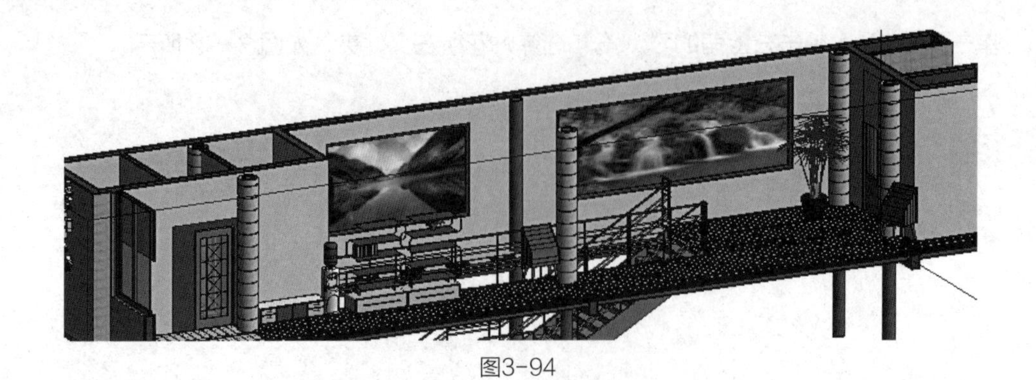

图3-94

放置完成家具与贴花，装修的建模工作就基本完成了，全局效果如图 3-95 所示。

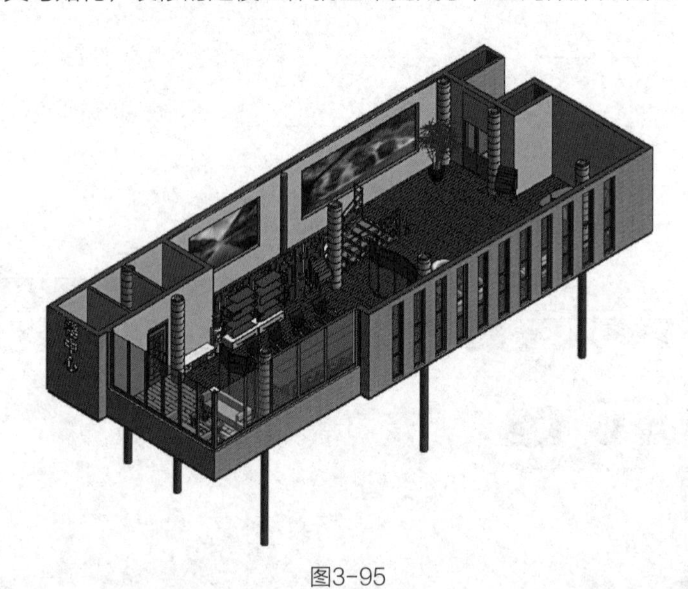

图3-95

第 4 章　装修图纸深化

4.1　平面布置图

在“项目浏览器”中单击选择“2F”视图，单击鼠标右键，在弹出对话框中单击“复制 - 带细节复制”，单击鼠标右键，在弹出对话框中单击“重命名”，对新建视图重命名为“二层平面布置图”。在项目浏览器中双击“二层平面布置图”进入视图，在“属性”面板“视图”选项卡下单击“可见性 / 图形”(快捷键 VV)，在弹出对话框中选择“注释类别”在下面列表中取消勾选“参照平面”，单击“Revit 链接”下的“建筑模型”，单击显示设置中的“按主体视图”，如图 4-1 所示。

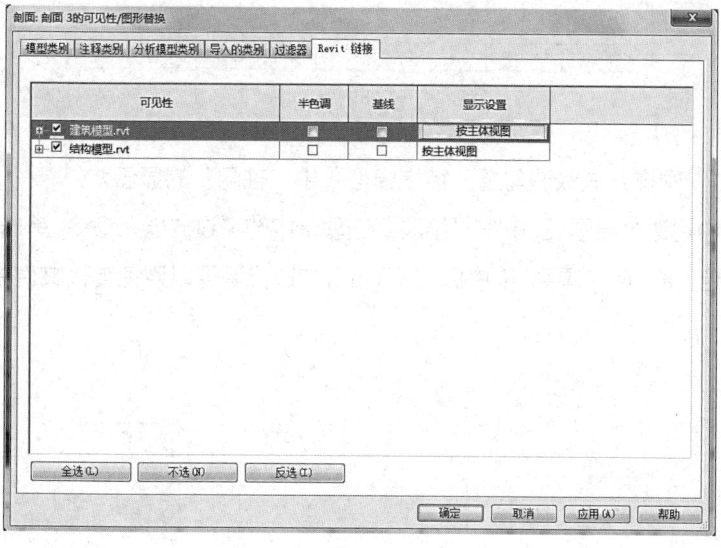

图4-1

弹出“Revit 链接显示设置”对话框，在“基本”选项卡里勾选“自定义”，在“注释类别”选项卡中的“注释类别”下选择“自定义”，在下面列表中取消勾选“轴网”，如图 4-2 (a)、(b) 所示。

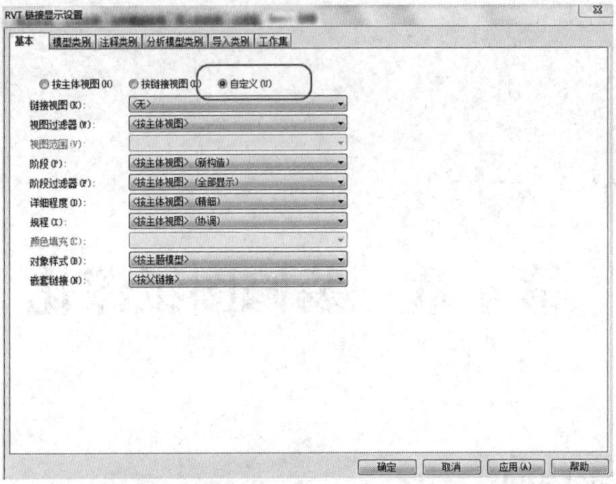

（a）

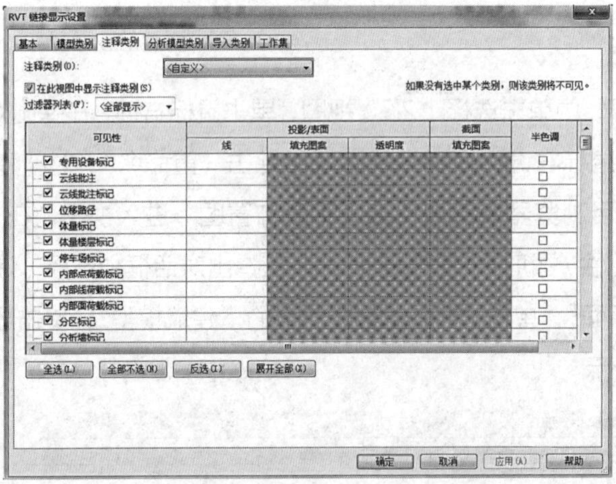

（b）

图4-2

单击“确定”，同样方法取消勾选“结构模型”中“轴网”的显示。

在平面视图中框选全部图元，单击“修改”选项卡中的“过滤器”命令，单击“放弃全部”，勾选“轴网”确定，将轴网“隔离”（快捷键 H+H），并进行调整以避免链接文件中的轴网干涉，如图 4-3 所示。

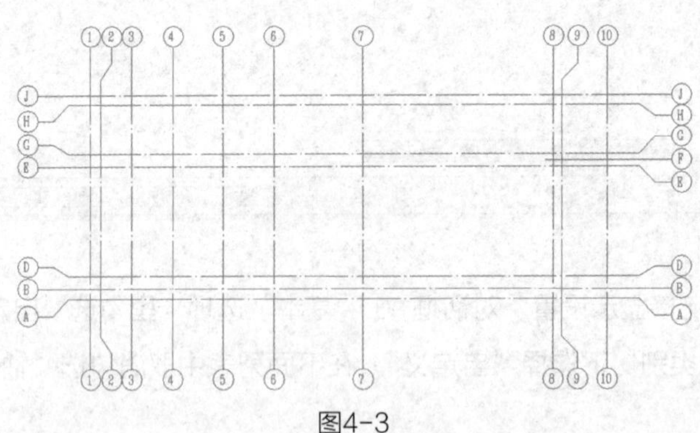

图4-3

选择全部轴网，单击“修改”选项卡中的“影响范围”命令，将其他楼层标高全部勾选后确定。

将二层平面布置图中的全部图元显示出来（快捷键）。单击“建筑”选项卡下“房间分隔”，绘制房间分隔线，如图 4-4 所示。

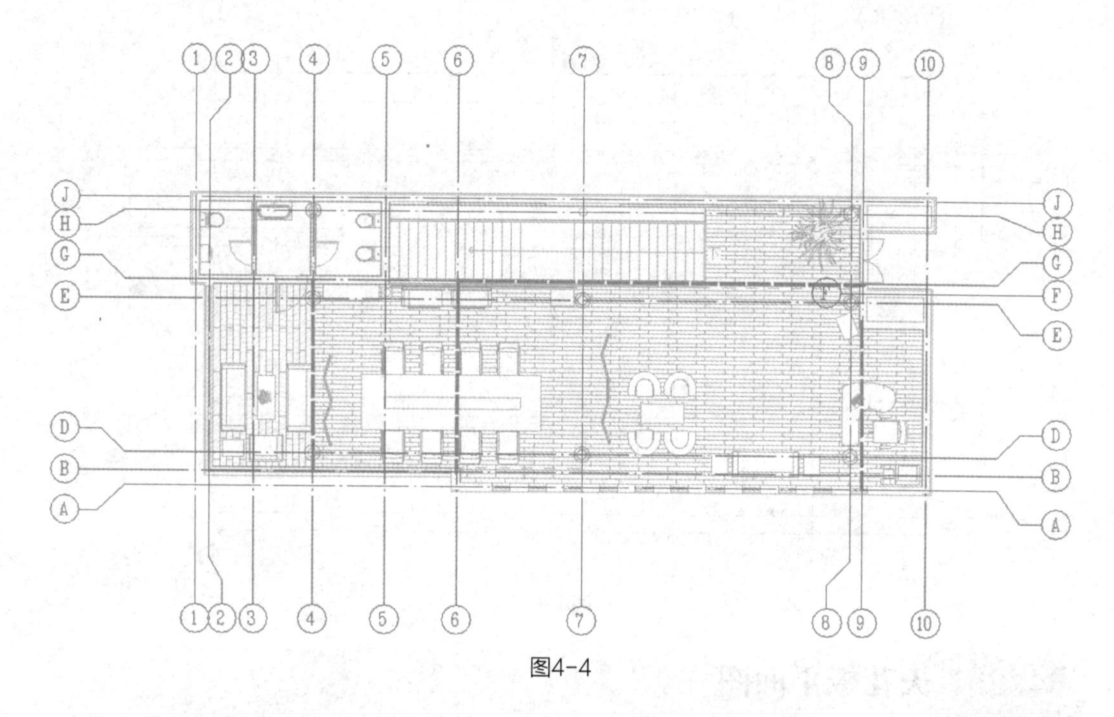

图4-4

单击“建筑”选项卡中的“房间”命令，为各个房间放置房间标记，并修改房间名称从左至右依次为“VIP 接待区”“主会议区”“休息等待区”“入口处”“接待前台”，如图 4-5 所示。

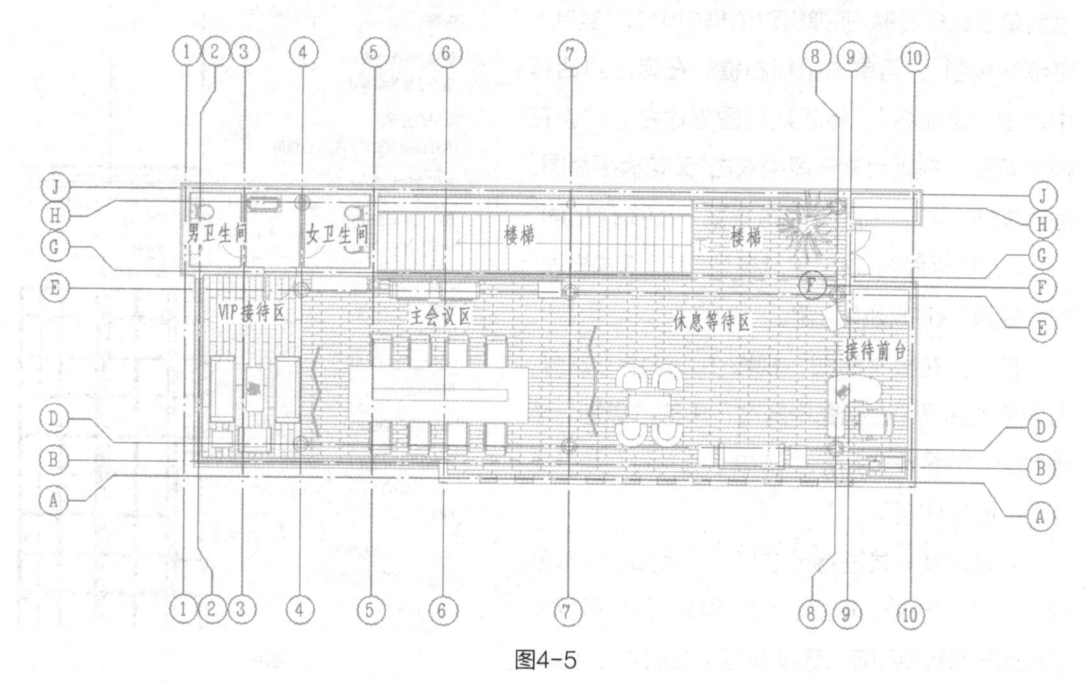

图4-5

将平面视图中书籍构件以及桌子上的花盆和笔记本等构件都“隐藏图元”，对平面视图进行三道尺寸标注及添加材质标注、高程点并为卫生间添加排水符号，完成后如图 4-6 所示。

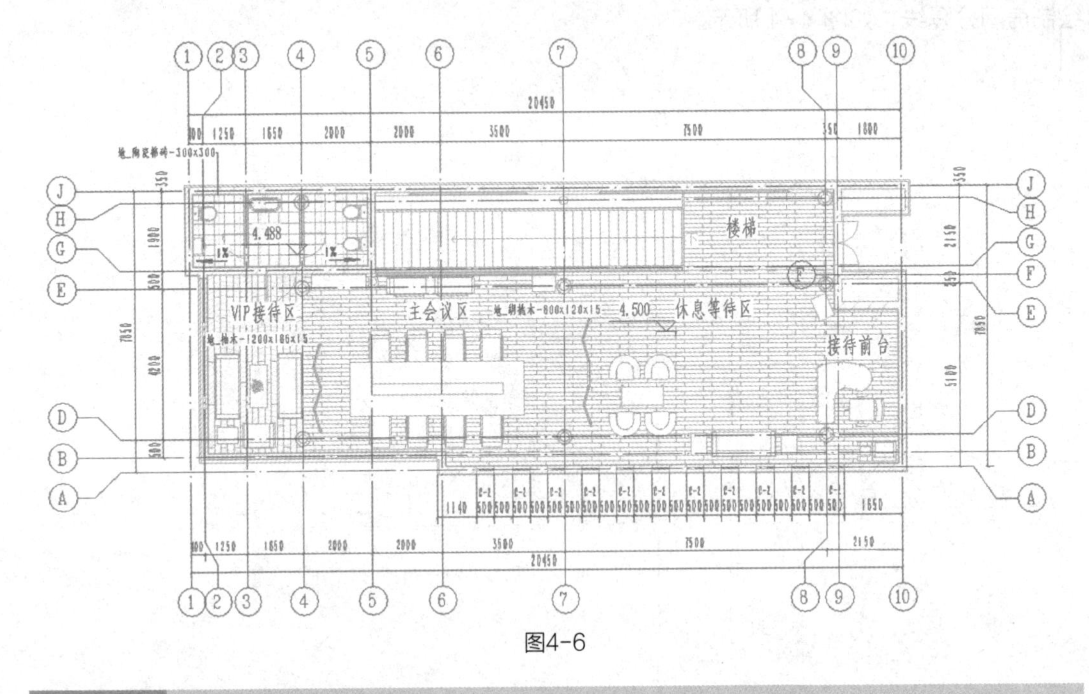

图4-6

4.2 天花板平面图

在“项目浏览器”中单击选择“3F”视图，然后单击鼠标右键，在弹出对话框中单击“复制－带细节复制”，再单击鼠标右键，在弹出对话框中单击“重命名”，将新建视图重命名为“天花板平面图”。在项目浏览器中双击“天花板平面图”进入视图，与“二层平面布置图”的操作相同，将“天花板平面图”中“建筑模型”和“结构模型”的“轴网”在视图中隐藏。

在“天花板平面图”视图中，选中主龙骨，右键单击选择“在视图中隐藏”中的“类别”隐藏龙骨，如图 4-7 所示。选中“次龙骨”与“主龙骨”的操作相同。

对轴网及灯具进行尺寸标注，添加天花板的标注为“轻钢龙骨纸面石膏板吊顶”及“轻钢龙骨纸面石膏板造型顶”，添加高程点如图 4-8 所示。

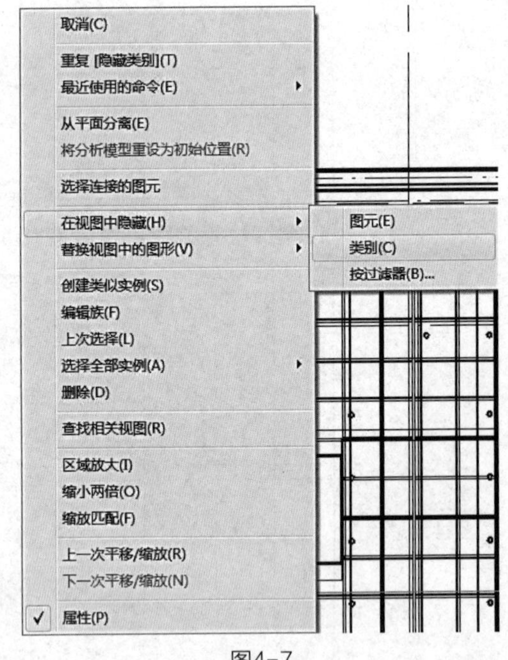

图4-7

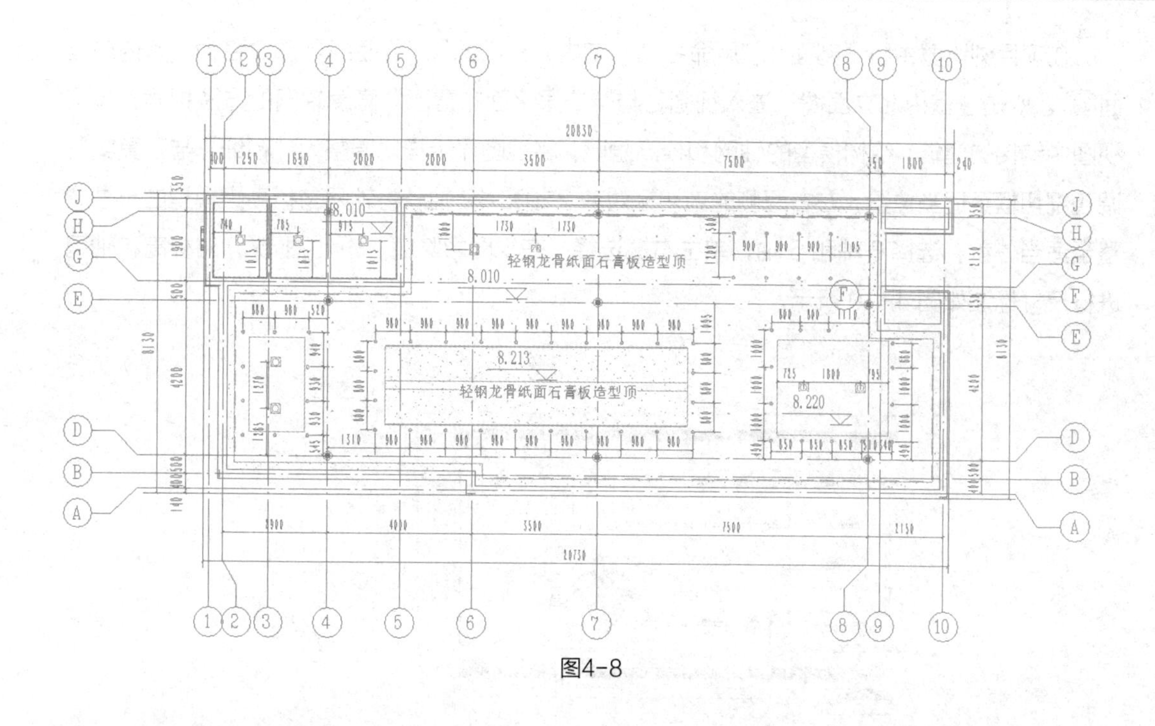

图4-8

4.3 立面图

将视图调整到“2F”楼层平面，将原有剖面删除，单击“视图”选项卡下“剖面”，在视图中如图 4-9 所示位置绘制“剖面 1”和“剖面 2”。

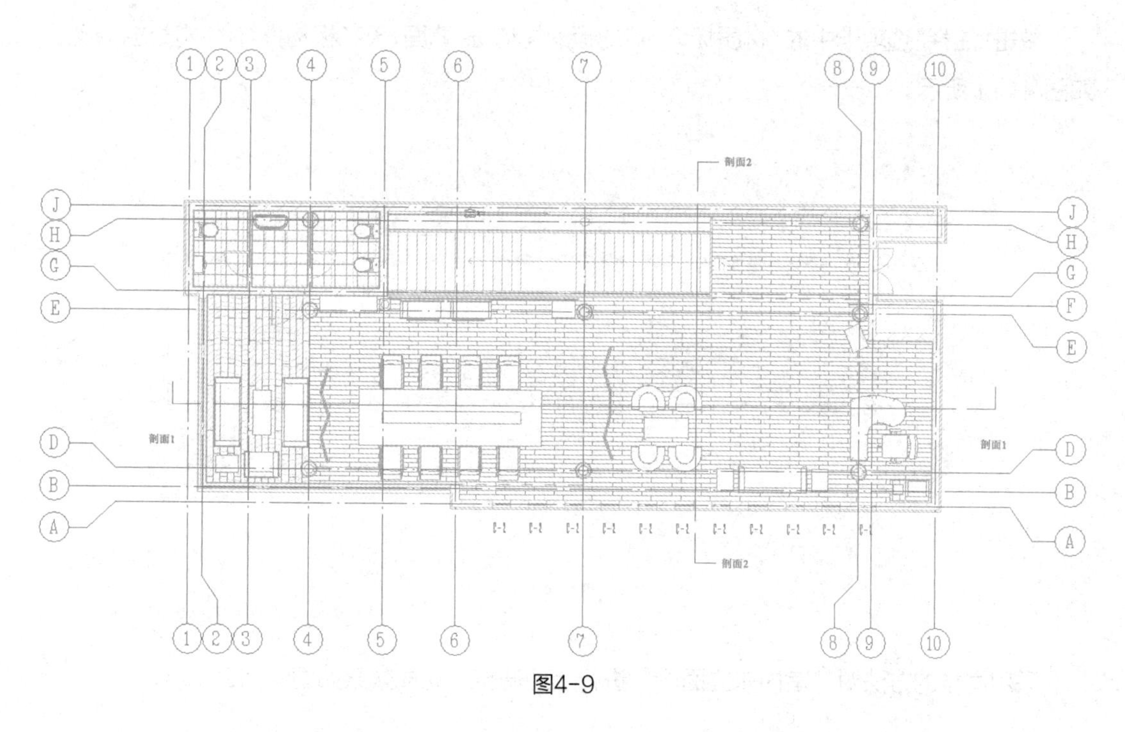

图4-9

在项目浏览器中将“剖面 1”重命名为“室内北立面图”。“剖面 2”重命名为“室内东立面图”。双击“室内北立面图”进入视图，与“二层平面布置图”隐藏轴网的方法相同，需将视图中链接的建筑、结构模型的轴网和标高隐藏，将视图显示样式调整为“精细”与“真实”，调整剖切框至适当位置，左右两侧的剖切框对齐 2 轴和 10 轴，将轴网与标高距模型的尺寸调整至适当位置，选择 3 轴和 6 轴，单击右键选择“在视图中隐藏”→“图元”，对标高和轴网进行尺寸标注如图 4-10 所示。

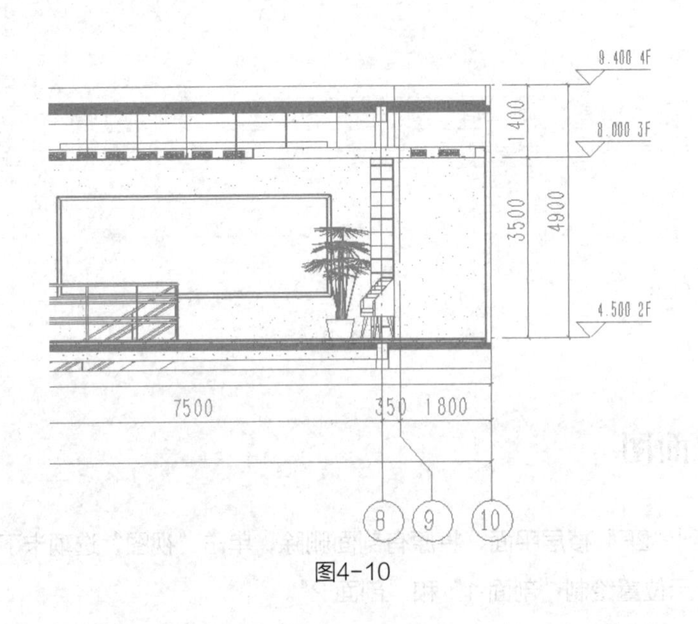

图4-10

单击“注释”选项卡中的“材质标记”对地板的构造层、墙面、天花板构件等的材质进行标注，如图 4-11 所示。

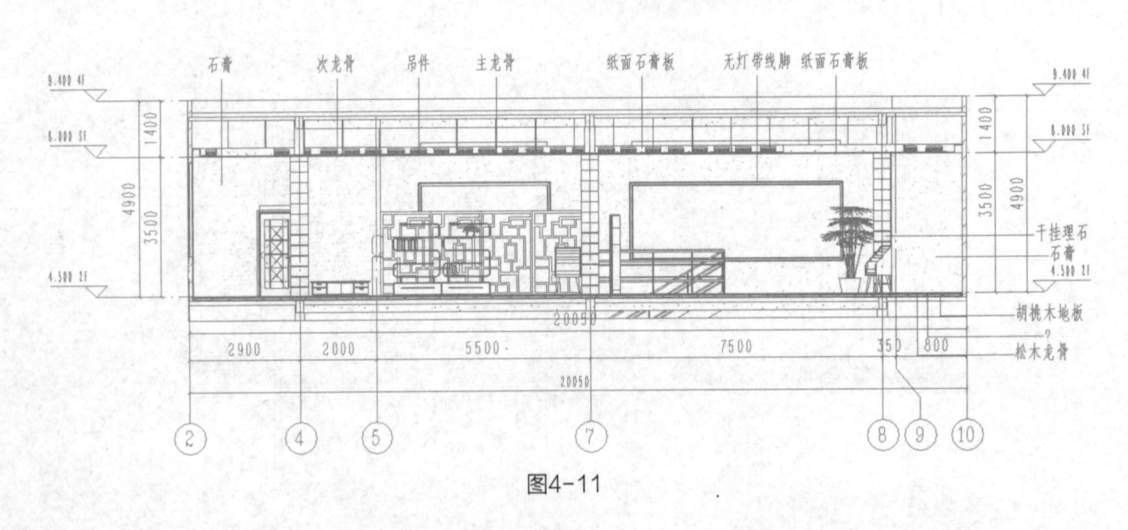

图4-11

采用同样的方法对“室内东立面图”进行上述调整，完成效果如图 4-12 所示。

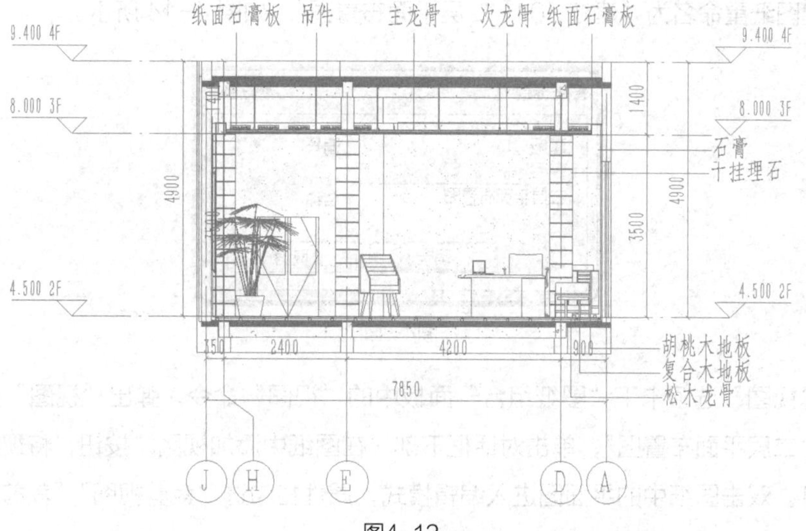

图4-12

4.4 创建图纸

单击“视图”选项卡中的“图纸”命令，在弹出对话框中选择“BM_图框－通长标题栏：A2”，完成如图4-13所示。

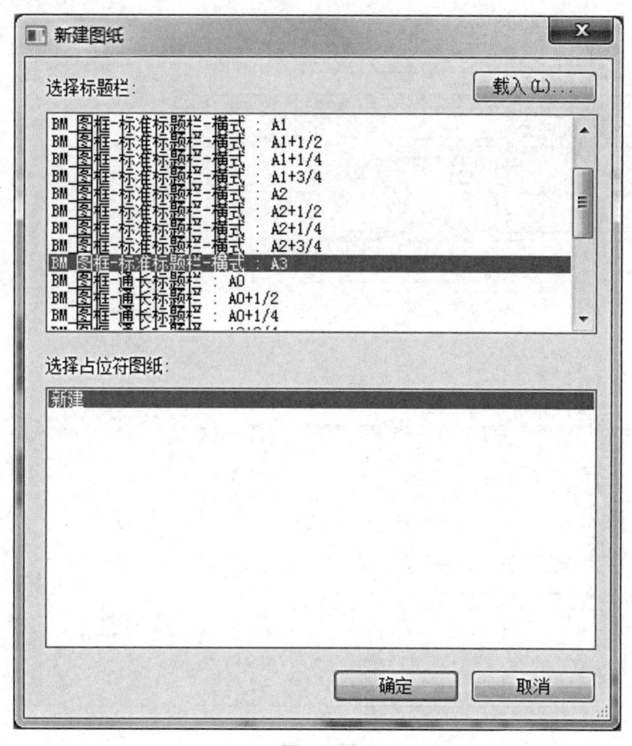

图4-13

将新建图纸重命名为“建施 -01- 二层平面布置图”，如图 4-14 所示。

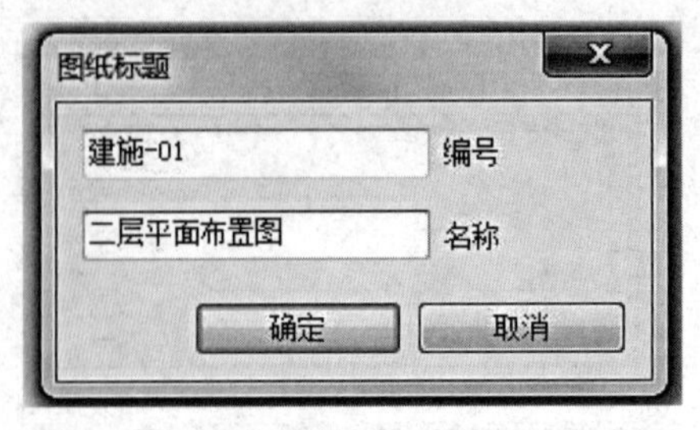

图4-14

单击“视图”选项卡下“图纸组合”面板中的“视图”命令，弹出“视图”对话框，选择列表中“二层平面布置图”，单击对话框下部“在图纸中添加视图”按钮，将视图拖动到适当位置即可。双击图纸中的平面图进入编辑模式，属性栏勾选“裁剪视图”“裁剪区域可见”，将裁剪框拖拽至合适位置，取消勾选“裁剪区域可见”，单击“注释”选项卡中的“详图组”命令“放置详图组”放置在合适位置，单击刚放置的详图组，进入“修改 | 详图组”选项卡，单击“解组”，并修改图名，修改图名标注后在空白处右键单击“取消激活视图”，单击视口在“属性”面板下，将视口“有线条的标题”替换成“无标题”完成“二层平面布置图”及“建施 -02- 天花板平面图”的图纸，如图 4-15 所示。

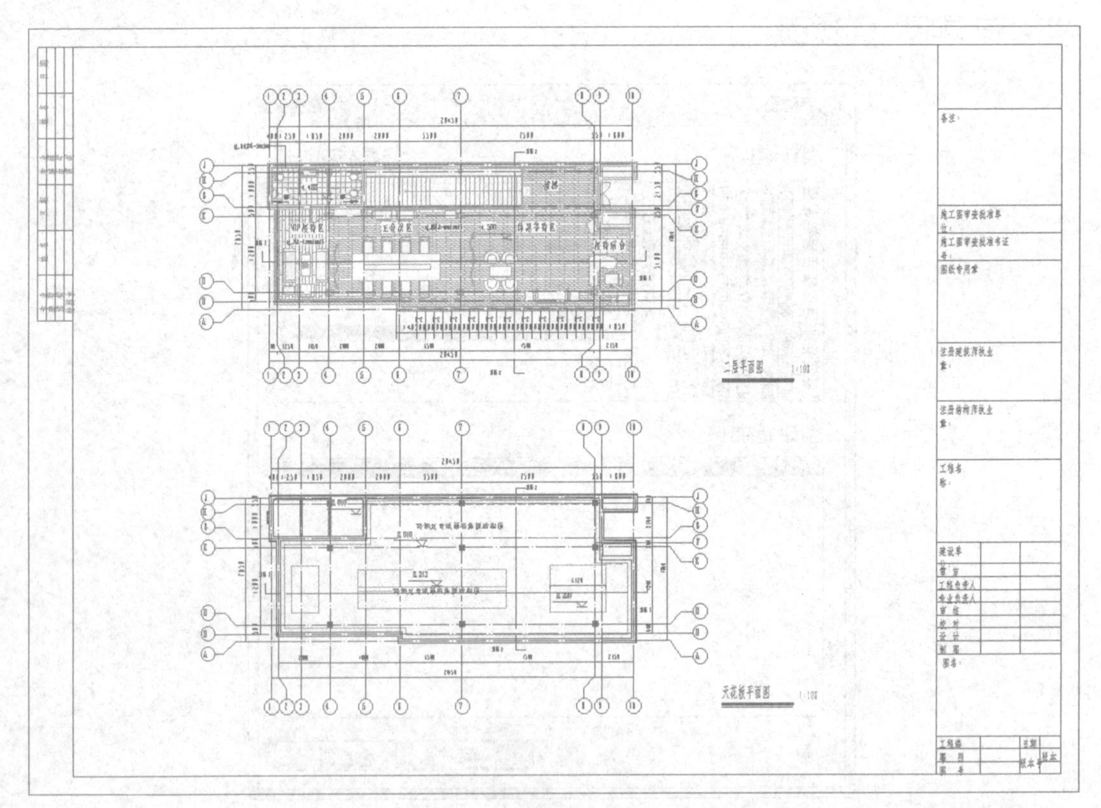

图4-15

同上所述创建“建施 -03- 室内东立面图、室内北立面图”图纸，全部图纸完成如图 4-16 所示。

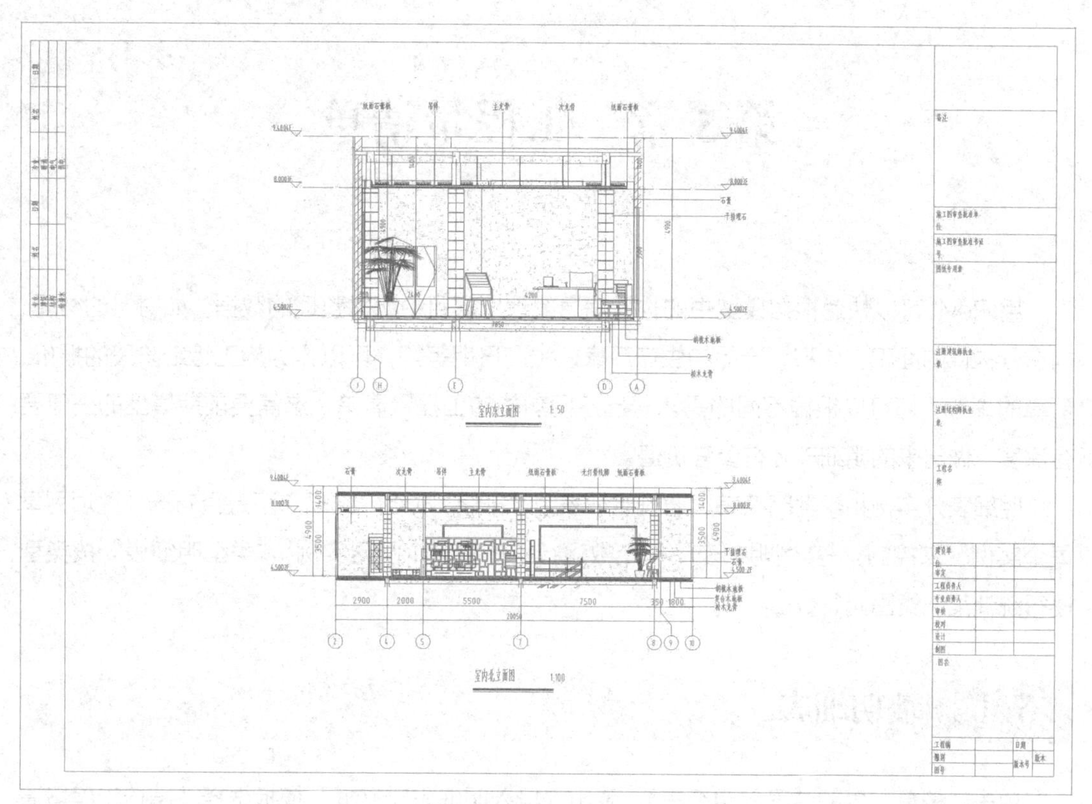

图4-16

第 5 章　工程量清单

用 Revit 可以快速根据模型中的构件信息统计出项目中所需整理的数据，如材料的材质、构造，构件的面积、体积，产品的生产厂家、生产日期等等，可以作为施工运维阶段的报价、预算的参考。还可以根据不同的需求导出不同功能的工程量清单，这需要前期模型的搭建要有深度，做出来的明细表才有参考价值。

明细表分实例和类型明细表，通过明细表中“排序 / 成组”选项卡下是否勾选“逐项列举每个实例”来控制。“实例明细表”按个数逐行统计每一个图元实例；“类型明细表”按类型逐行统计某一类图元总数。

5.1　墙明细表

单击“柏慕”中的“导入明细表”，弹出“导入明细表定义框”模板选择“国标工程量清单明细表”单击“清单 _ 土建 - 直形墙明细表”单击“确定”，如图 5-1 所示。

进入“清单 _ 土建 - 直形墙明细表”，如图 5-2 所示。(注意：没有出现量是因为过滤器设置了过滤条件：“注释”“等于”“直行墙”，所以明细表没有量。项目不同对明细表的设置不同)

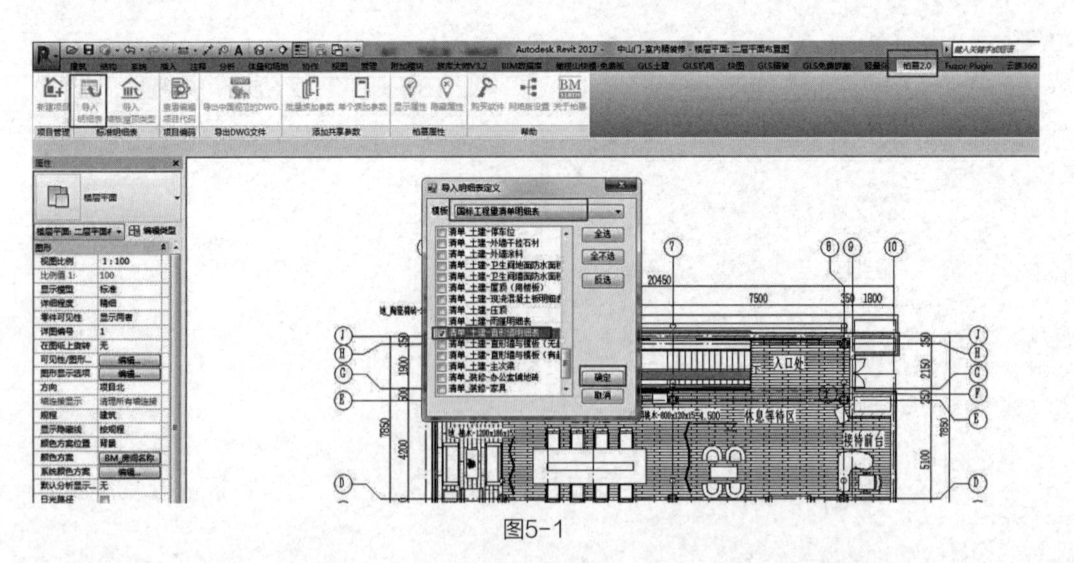

图5-1

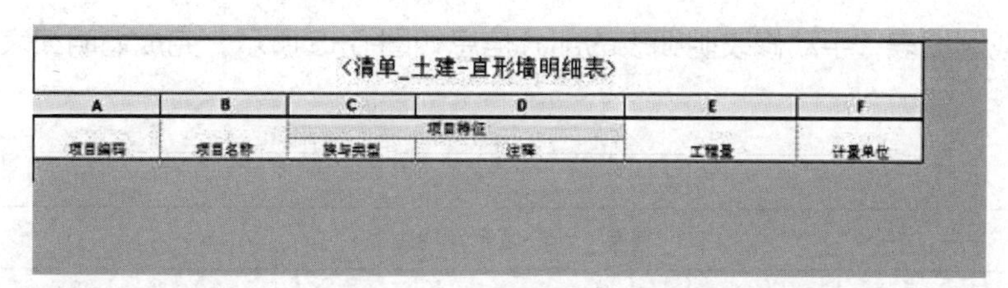

图5-2

单击“属性”面板下的“过滤器：编辑”,弹出“明细表属性”对话框,将过滤条件边的“注释”改成“无”，如图 5-3 所示。

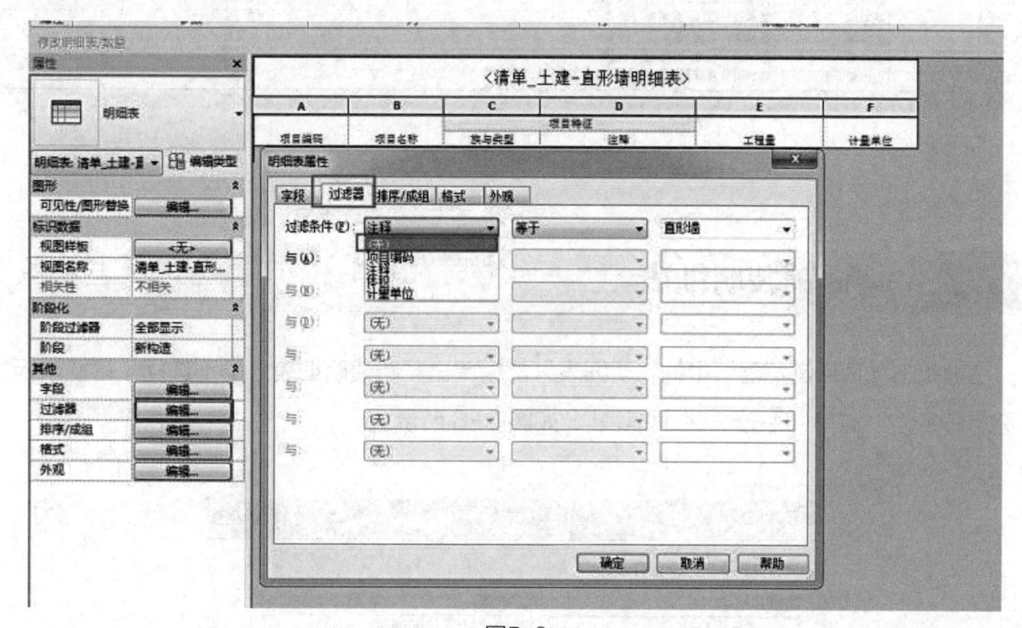

图5-3

单击“排序/成组”，排序方式“族”否则按“族与类型”，如图 5-4 所示，单击“确定”。

图5-4

创建完成明细表，手动修改明细表的部分信息如图 5-5 所示，完成墙明细表（包含链接中的模型）。

<清单_土建-直形墙明细表>					
A	B	C	D	E	F
		项目特征			
项目编码	项目名称	族与类型	注释	工程量	计量单位
011201001	基本墙	基本墙：内墙3-简易抹灰墙面15厚		0.82	
010401003	基本墙	基本墙：内墙6A-粉刷石膏罩面墙面15厚		2.08	
010401003	基本墙	基本墙：内墙26F-贴壁纸（织物）墙面15厚		0.23	
010402001	基本墙	基本墙：内墙33A-耐酸瓷砖墙面23厚		0.40	
010402001	基本墙	基本墙：基墙_普通砖-100厚		2.69	
010401003	基本墙	基本墙：基墙_普通砖-200厚		55.66	
011204001	基本墙	基本墙：外墙_干挂石材-40厚		10.34	
010401003	装饰墙轮廓	装饰墙轮廓：装饰墙轮廓		0.05	
总计：90				72.28	

图5-5

5.2 地面铺装明细表

右键单击“项目浏览器”中的“明细表”,然后单击“新建明细表”,类别选择“幕墙嵌板”，名称重命名为“清单 _ 装修 - 地面铺装”，如图 5-6 所示。

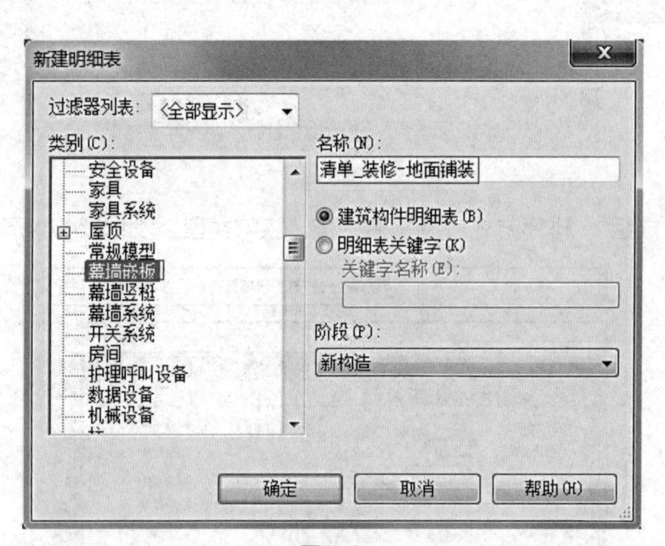

图5-6

单击“确定”后为明细表添加字段，如图 5-7 所示。

在“排序 / 成组”选项卡中选择排序方式“类型”,依次是“宽度”“高度”如图 5-8 所示。

单击“格式”选项卡中字段“面积”“字段格式”取消勾选“使用项目设置”舍入“3 个小数点”，如图 5-9 所示。

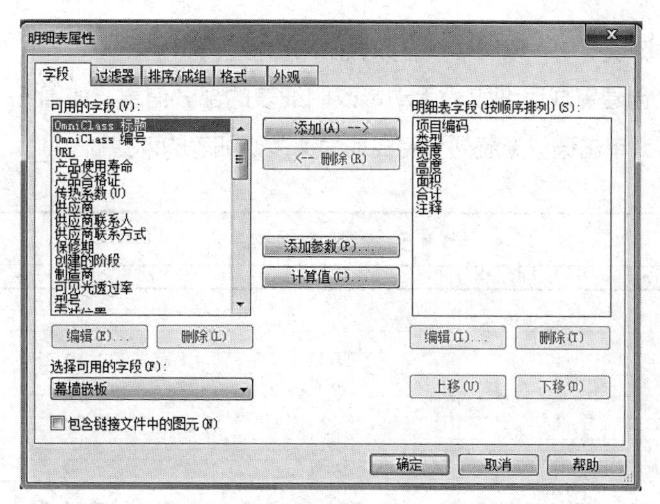

图5-7

明细表属性
字段　过滤器　排序/成组　格式　外观
排序方式(S):　类型　升序(C)　降序(D)
页眉(H)　页脚(F):　空行(B)
否则按(T):　宽度　升序(N)　降序(I)
页眉(R)　页脚(O):　空行(L)
否则按(E):　高度　升序　降序
页眉　页脚:　空行
否则按(Y):　(无)　升序　降序
页眉　页脚:　空行
总计(G):　标题和总数
逐项列举每个实例(Z)
确定　取消　帮助

图5-8

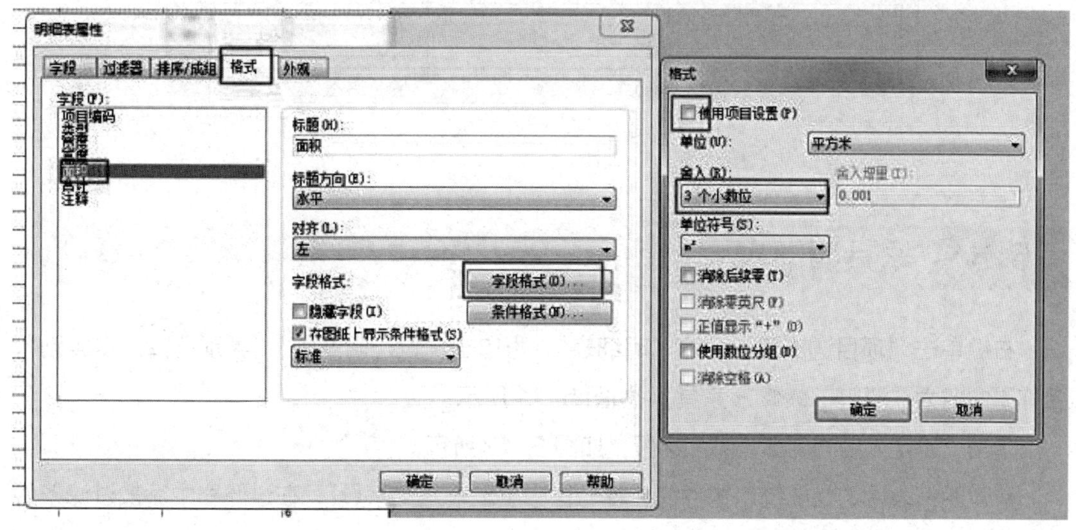

图5-9

单击“外观”选项卡中，取消勾选“数据前的空行”。

单击“确定”创建完成明细表，手动修改明细表的部分信息，如图 5-10 所示。完成后选择注释一栏，右键单击选“隐藏列”完成地面铺装明细表的创建。

〈清单_装修-地面铺装〉

A	B	C	D	E	F
				工程量	
层	类型	宽度	高度	面积	合计
011104002	柚木			0.193 m	2
011104002	柚木	181	170	0.031 m	1
011104002	柚木	181	1200	0.217 m	2
011104002	柚木	186	170	0.032 m	7
011104002	柚木	186	600	0.112 m	7
011104002	柚木	186	770	0.143 m	7
011104002	柚木	186	1200	0.223 m	49
011102002	胡桃木				37
011102002	胡桃木	188	120	0.023 m	1
011102002	胡桃木	250	101	0.025 m	4
011102002	胡桃木	282	120	0.034 m	10
011102002	胡桃木	303	80	0.024 m	1
011102002	胡桃木	303	120	0.036 m	17
011102002	胡桃木	438	120	0.053 m	2
011102002	胡桃木	482	120	0.058 m	18
011102002	胡桃木	532	120	0.064 m	11
011102002	胡桃木	550	101	0.055 m	5
011102002	胡桃木	550	120	0.066 m	9
011102002	胡桃木	553	90	0.050 m	1
011102002	胡桃木	553	120	0.066 m	17
011102002	胡桃木	732	70	0.051 m	1
011102002	胡桃木	732	120	0.088 m	17
011102002	胡桃木	800	70	0.056 m	1
011102002	胡桃木	800	80	0.064 m	4
011102002	胡桃木	800	90	0.072 m	13
011102002	胡桃木	800	120	0.096 m	907
011102002	胡桃木	8838	383	3.381 m	1
031301001	陶瓷梯砖				6
031301001	陶瓷梯砖	4	300	0.001 m	5
031301001	陶瓷梯砖	35	227	0.008 m	1
031301001	陶瓷梯砖	35	300	0.010 m	5
031301001	陶瓷梯砖	35	323	0.011 m	1
031301001	陶瓷梯砖	254	204	0.052 m	1
031301001	陶瓷梯砖	254	300	0.076 m	6
031301001	陶瓷梯砖	300	204	0.061 m	8
031301001	陶瓷梯砖	300	227	0.068 m	5
031301001	陶瓷梯砖	300	300	0.090 m	82
031301001	陶瓷梯砖	300	323	0.097 m	6
总计：1278					1278

图5-10

5.3 家具明细表

右键单击“项目浏览器”中的“明细表”，再单击“新建明细表”，类别选择“多类别”，名称重命名为“清单 _ 装修 - 家具”，如图 5-11 所示。

单击“确定”后为明细表添加字段，如图 5-12 所示。

新建明细表中，在要统计构件的注释一栏中手动输入“家具”，在过滤器中添加过滤条件为“注释”，如图 5-13 所示。

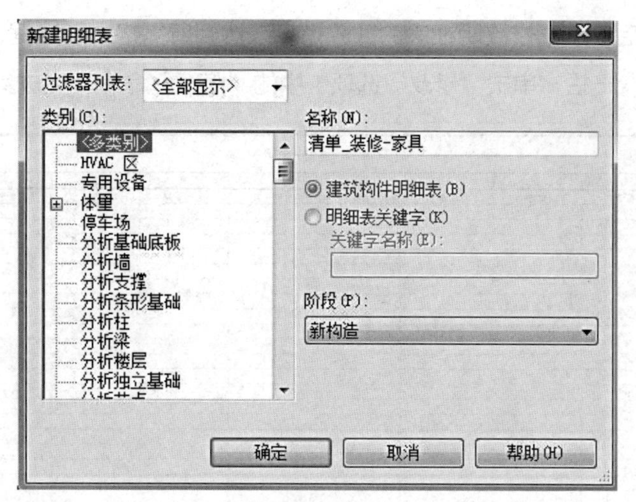

图5-11

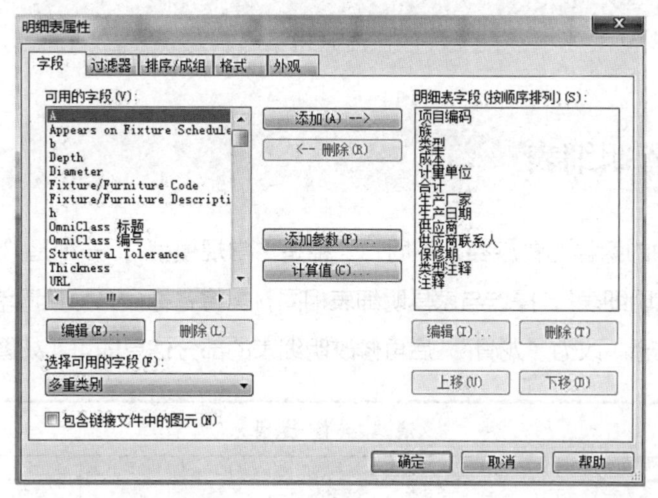

图5-12

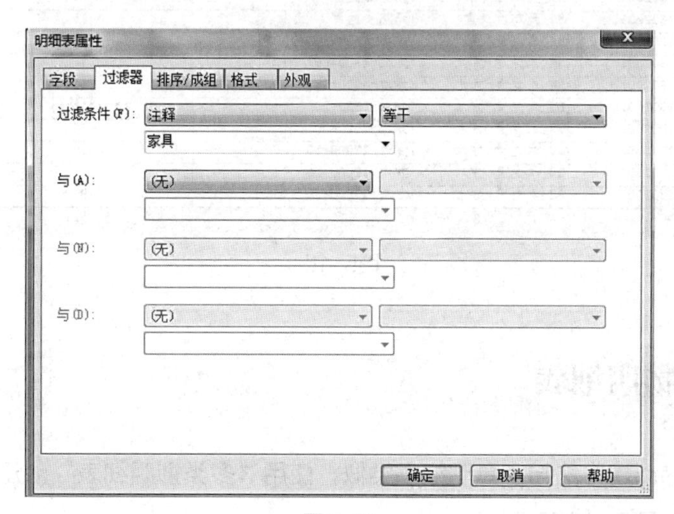

图5-13

创建完明细表后，手动修改明细表的部分信息以达到所需格式及数据，如图 5-14 所示，完成后选择“注释”一栏，单击“修改”选项卡中的“隐藏”命令，完成家具明细表的创建。

<清单_装修-家具>											
A	B	C	D	E	F	G	H	I	J	K	L
项目编码	族	型号	价格	计量单位	合计	生产厂家	生产日期	供应商	供应商联系人	保修期	注释
	BM_会议桌				1						家具
	BM_办公桌				1						家具
	BM_单人沙发凳				4						家具
030413004	BM_吊灯				5						家具
030413004	BM_吸顶灯	ch-0883			9						家具
011501011	BM_地毯（标准模				1						家具
	BM_复印机				1						家具
030413011	BM_天花射灯	PAK-501-206-WK			55						家具
031004007	BM_小便器				1						家具
011210003	BM_排风				9						家具
031004006	BM_座便器	710x360/785mm			3						家具
011501019	BM_厨利具	692			2						家具
	BM_木茶几				1						家具
011501001	BM_柜子				1						家具
	BM_椅子-001				1						家具
	BM_椅子-002				8						家具
	BM_洗手盆				1						家具
011210003	BM_玻璃排风				4						家具
	BM_矩形桌子				3						家具
	BM_组合沙发				1						家具
	BM_风口格栅				53						家具
	BM_饮水机				1						家具
	鲜花				3						家具
总计					199						

图5-14

5.4 龙骨明细表

本装修模型中的两种龙骨族类别不同，一种是“常规模型”，一种是“结构框架”，所以需要用到“多类别明细表”，操作与家具明细表相同，需将名称命名为“清单 _ 装修 - 龙骨”，将龙骨构件的“注释”改为“龙骨”，后再修改明细表的部分信息即可，如图 5-15 所示。

<清单_装修-龙骨>					
A	B	C	D	E	F
项目编码	项目名	项目特征	材质	价格	合计
011302001	BM_主龙骨吊件	主龙骨吊件			72
011302001	BM_天花主龙骨	天花主龙骨			32
011302001	BM_天花次龙骨	天花次龙骨			75
011302001	BM_木龙骨-方木	方木-4250*50			8
011302001	BM_木龙骨-方木	方木-4300*50			1
011302001	BM_木龙骨-方木	方木-4900*50			18
011302001	BM_木龙骨-方木	方木-5350*50			15
011302001	BM_木龙骨-方木	方木-7520*50			10
011302001	BM_木龙骨-方木	方木-12900*50			1
011302001	BM_木龙骨-方木	方木-18000*50			3
011302001	BM_木龙骨-方木	方木-19800*50			9
总计					244

图5-15

5.5 植物明细表

植物明细表的创建方法与家具明细表类似，使用“多类别明细表”创建，添加所需字段及注释，完成后如图 5-16 所示。

<清单_装修-植物>				
A	B	C	D	E
项目编码	项目名称	项目特征	价格	合计
	BM_盆栽2	BM_盆栽-002	80	1
	BM_盆栽-002	BM_盆栽-002	80	1
	BM_盆栽-003	BM_盆栽-003	100	1
总计				3

图5-16

5.6 天花板明细表

右键单击“项目浏览器”中的“明细表”，再单击“新建材质提取明细表”，如图 5-17 所示。

在“类别”中选择“天花板”，名称重命名为“清单_装修-天花板”，如图 5-18 所示。

单击“确定”后添加如图 5-19 所示的字段。

单击“确定”，手动修改明细表的部分信息，完成天花板明细表的创建，如图 5-20 所示。

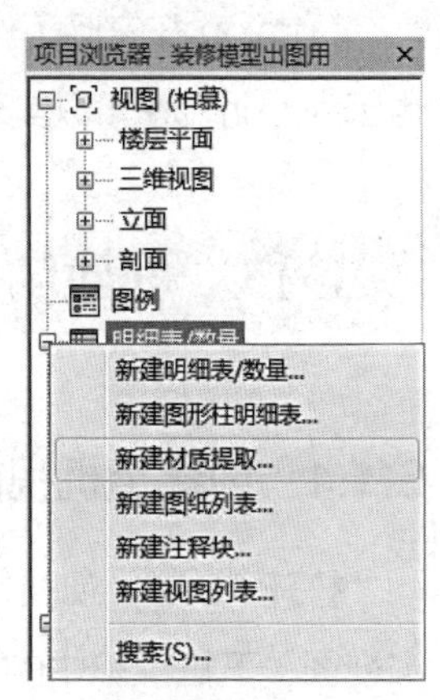

图5-17

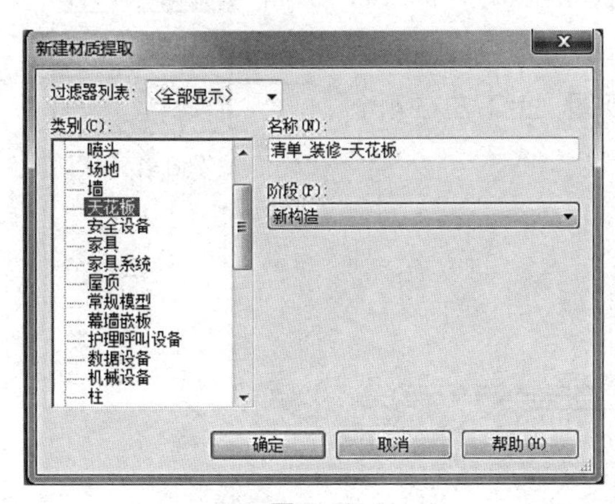

图5-18

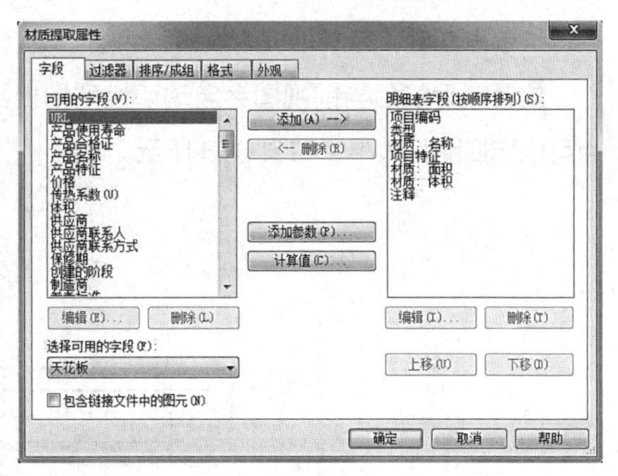

图5-19

<清单_装修-天花板>					
A	B	C	D	E	F
SS	类型	材质：名称	项目特征	材质：面积	材质：体积
	天花板-纸面石膏板	石膏板		99.409 m^2	0.994 m^3
	天花板-区域边缘	松散-石膏板		8.190 m^2	0.039 m^3
	天花板-纸面石膏板	石膏板		11.701 m^2	0.117 m^3
	天花板-天花边缘	松散-石膏板		35.376 m^2	0.170 m^3
	天花板-主会议区	松散-石膏板		38.813 m^2	0.191 m^3

图5-20

第 6 章　渲染与漫游（Lumion）

Lumion 在实际工作中被广泛应用于园林景观规划，建筑立面效果的表达，以及室内装修。也因为 Lumion 可以实现可视化调整而被设计人员广泛应用。

6.1　创建精装修渲染图像

6.1.1　创建相机视图

打开“2 层”视图，单击“视图”选项卡下“创建”面板的“三维视图”下拉菜单中的“相机”命令，如图 6-1 所示，将鼠标放到视点所在的位置并单击鼠标左键，然后拖动鼠标朝向视野一侧，然后再次单击左键，完成相机的放置，如图 6-2 所示。

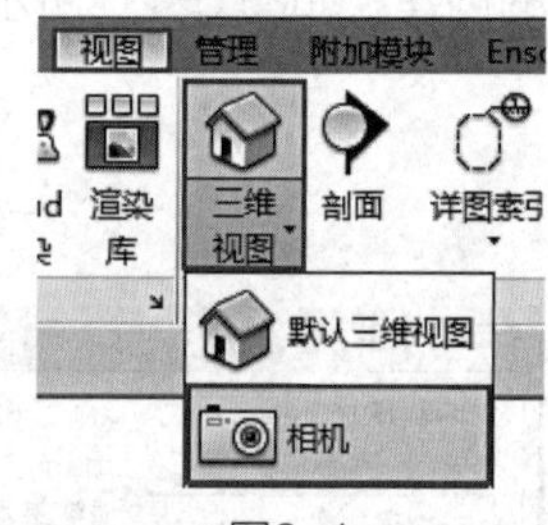

图6-1

放置完相机后当前视图会自动切换到相机视图，上下左右 4 个点可以拖拽图片大小，如图 6-3 所示。

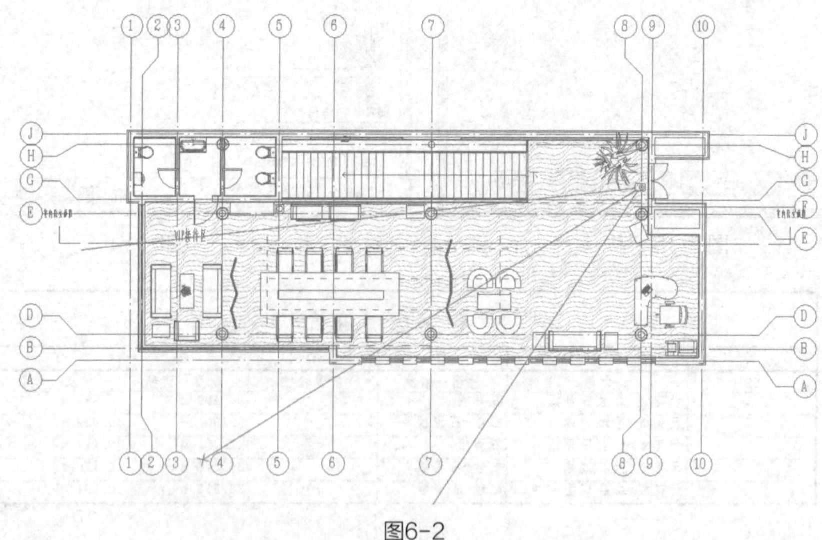
图6-2

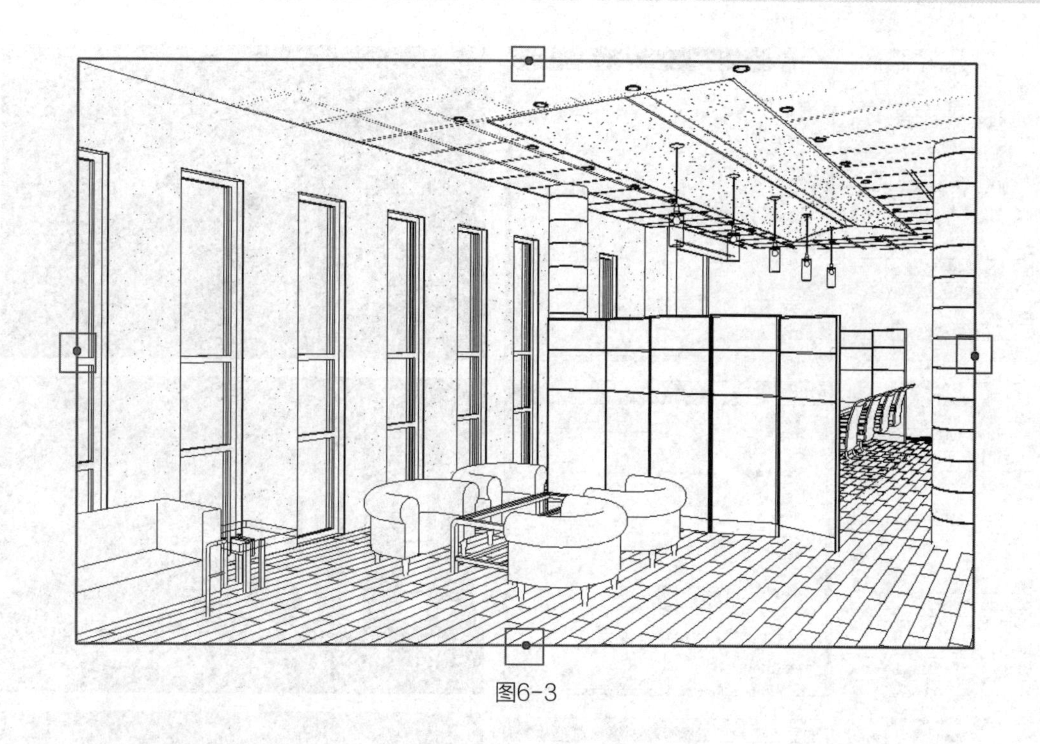

图6-3

6.1.2 渲染图像

渲染视图前，首先需进入将要渲染的相机视图，单击“视图”选项卡下“图形”面板中的“渲染”命令如图 6-4 所示。

图6-4

弹出渲染对话框，首先需要调节渲染出图的质量，单击对话框“质量”栏内“设置”选项框后再下拉菜单，从中选择“绘图”，(质量设置有：绘图、中、高、最佳等，渲染的质量越好，需要的时间就会越长)，在“渲染”对话框中“输出设置”栏内调节“分辨率”为“屏幕”(分辨率设置有：屏幕、150DPI、300DPI、600DPI，数值越高，渲染所需时间越长，质量越好，建议使用 75DPI 或 150DPI)，在“照明”设置栏内将“方案”选项栏设置为“室外：日光和人造光”。在“背景”设置栏内可设置背景样式(如需要自行添加图片作背景)，要根据需要设置不同的渲染质量标准，如图 6-5 所示(其他设置请自行设置渲染参数)。

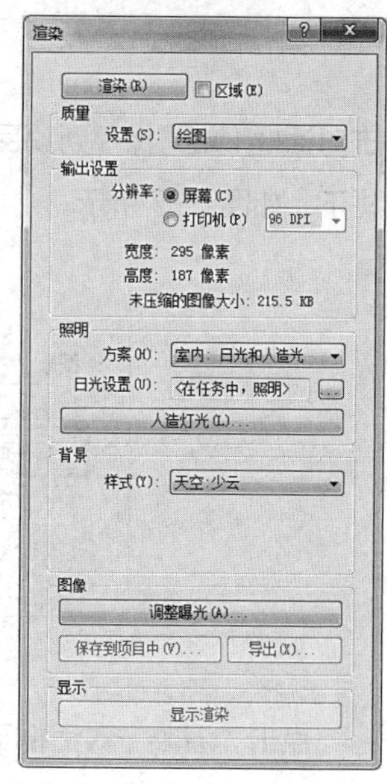

图6-5

所有参数设置完成后，单击对话框左上角的“渲染”按钮，开始进入渲染过程，渲染完成后，可根据渲染效果修改“图像”→“调整曝光”，如图 6-6 所示。

根据效果确定合适的曝光值后，重新设置渲染参数，建议设置为高等或者最佳，分辨率选择 75DPI/150DPI。渲染完成后单

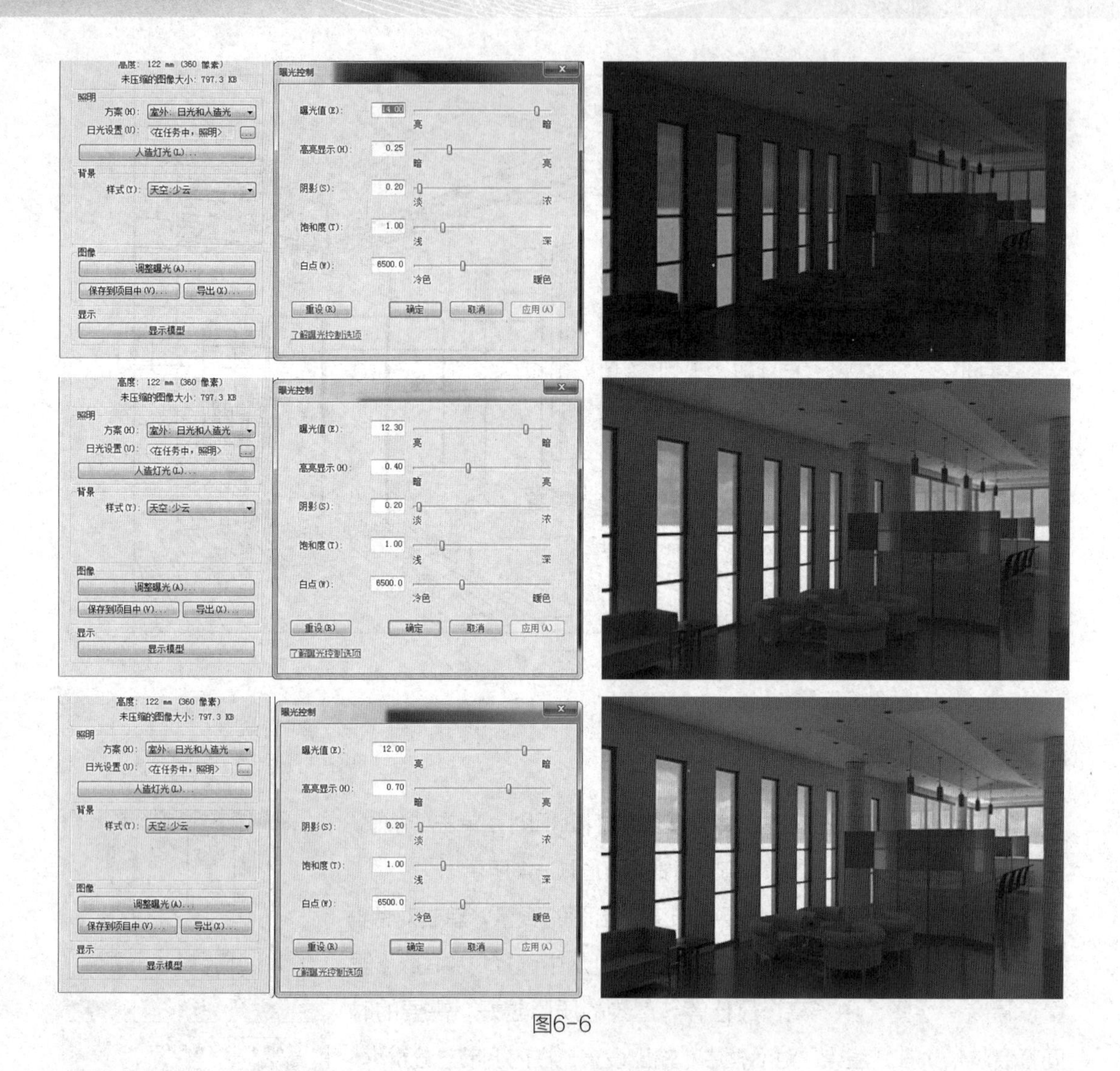

图6-6

击对话框下端“保存到项目中”可以将渲染图像保存到“项目浏览器”→“？？？”→“渲染”栏下，如图 6-7 所示。

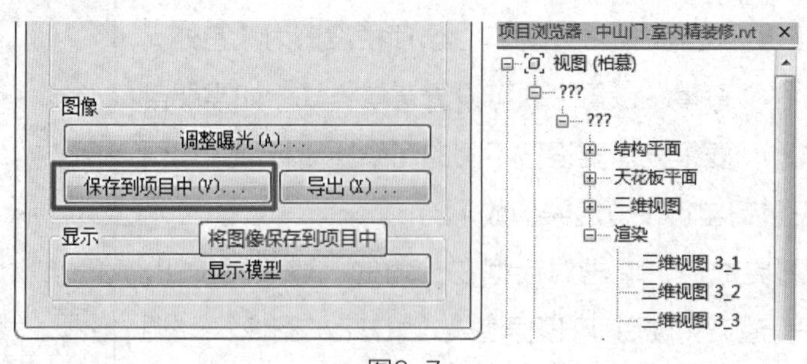

图6-7

点击“渲染”对话框下端“导出”命令，弹出对话框后设置图像的保存格式和存放位置，图 6-8 所示为渲染完成图像。

图6-8

6.2　Revit 导 Lumion

单击“Lumion”中的“Export”，弹出“Lumion LiveSync v3.01”再单击“Export”，如图 6-9 所示。选择文件导出的位置，然后单击“确定”。

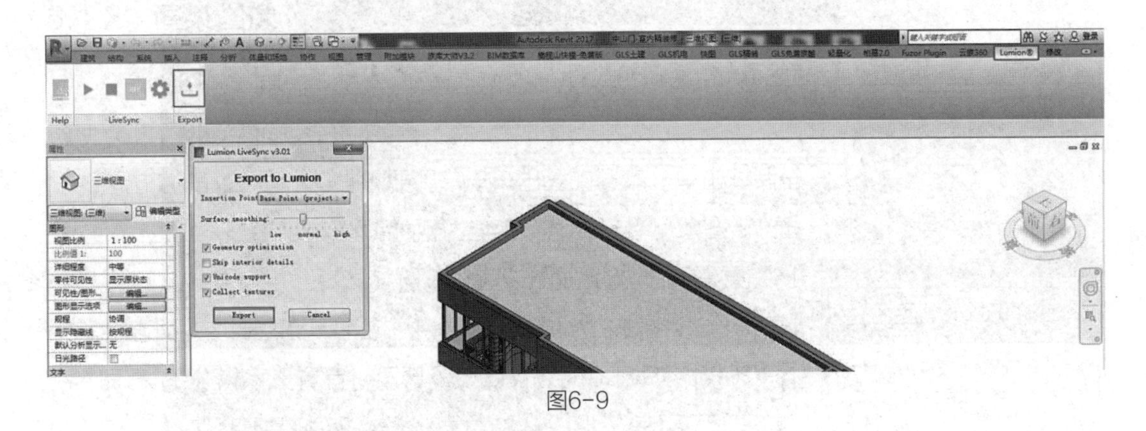

图6-9

6.3　Lumion 界面

第一次进入 Lumion8.0 其默认语言为英文；点击 US 图标将默认的英语字体，更改为 CN 中国字体，如图 6-10 所示。

进入开始界面首先映入眼帘是 6 个场景模板，分别表示为；白天、朝阳、夜晚、草原、河流和白面。在一个项目的一开始需要选择一个模板为基础，再开始制作，如图 6-11 所示。

左边选择第二个选项卡“ ”中的输出范围，这里是系统预设的 9 个场景，可以预览 9 种风格不同的场景，如图 6-12 所示。

图6-10

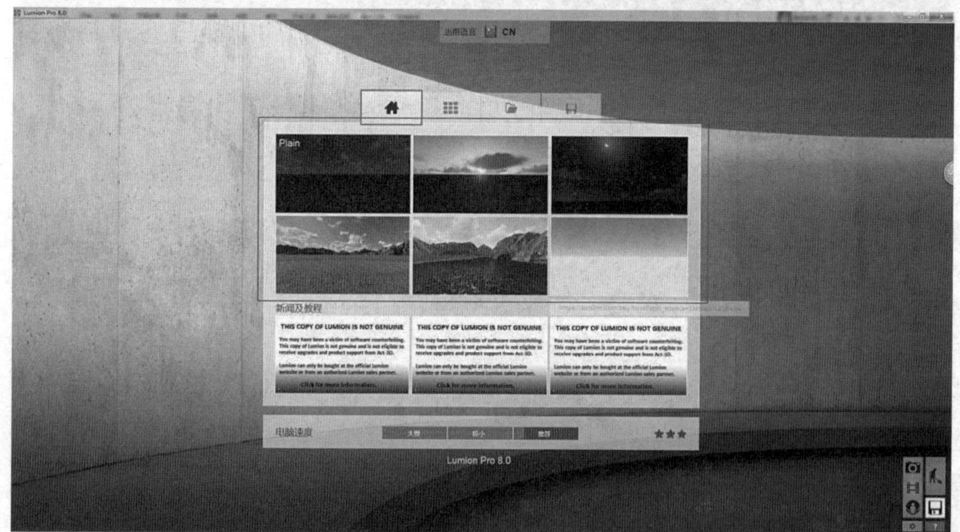

图6-11

图6-12

下一个功能是文件打开功能，在这里点击加载场景，浏览文件位置就可以打开 Lumion LS8（.ls8）文件，这个格式的文件格式也是 8.0 独立的文件，使用 Lumion6.0 无法打开，如图 6-13 所示。

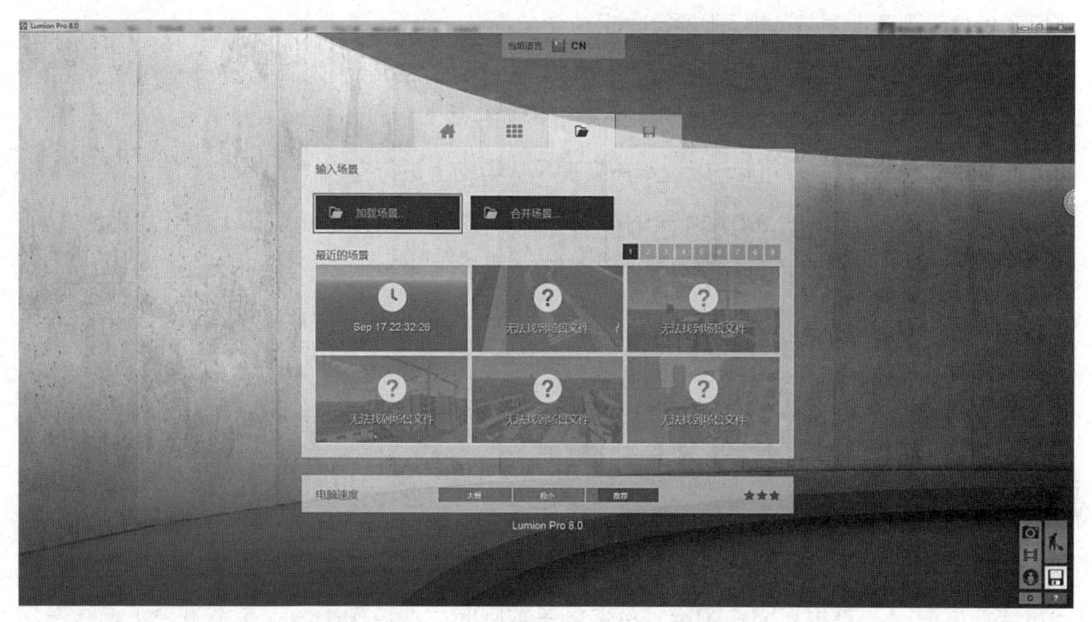

图6-13

右下方的文件夹图标为保存功能，在下方可以给将储存的文件加上标题与备注。最下方为操作设备的运行速度，分为太慢、极小和推荐，在制作大型项目，对电脑配置要求较高的时候，如图 6-14 所示。

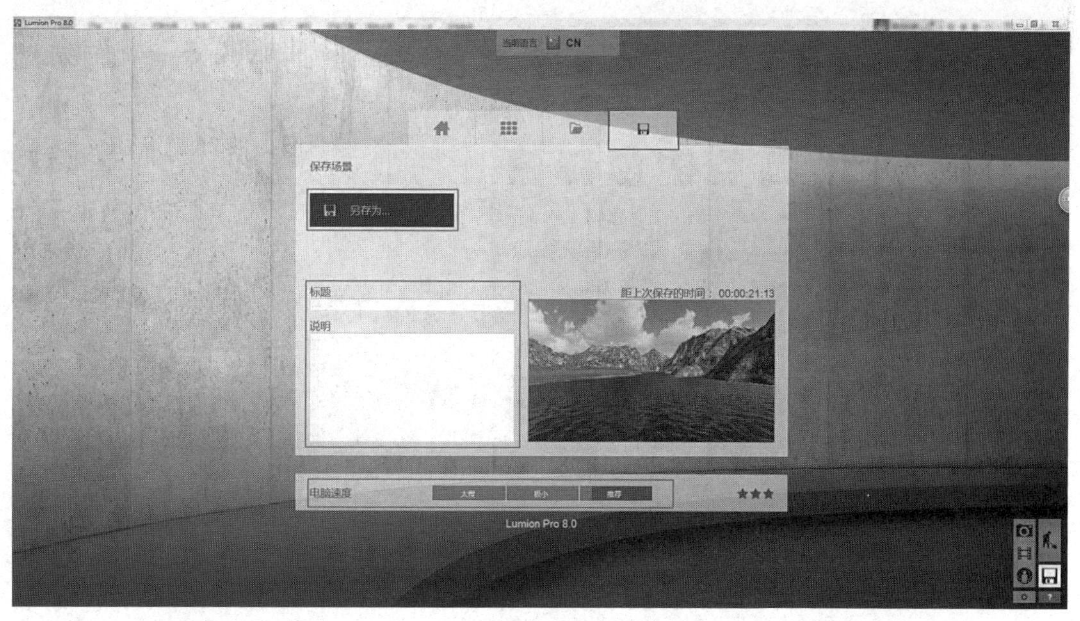

图6-14

单击右下方齿轮标志，打开设置面板，看到上方出现一列黑色图标。

1. 显示高品质地形：在打开此功能的时候，制作的山地岩石会以一个更高的图像质量显示（快捷键是 F7），在镜头距离地面较远的情况下系统会自动隐藏一部分地形，而开启此功能后不论镜头距离地面多远都可以看到地形。

2. 高素质树木：在没有开启此功能的时候，Lumion 会将距视口较远的树木隐藏，而在开启此功能后不论多远的距离都可以看到树木的枝叶。

3. 平板电脑输出：此功能可以让用户实现平板电脑上进行操作。

4. 反转相机操作：在 Lumion 里的相机视口移动操作是鼠标右键按住后向上推动鼠标，视口就会跟着向上移动，而开启此功能后，视口就会反向移动。

5. 编辑静音：在 Lumion 里可以放置声音，而开启这个功能后用户在编辑模式里的声音就会被静音。

6. 全屏模式：Lumion 默认窗口是窗口化模式，开启此功能则进入全屏模式。

上面的一排功能是调整编辑模式下的一些状态而使用的。下方编辑状态中的品质选择，可以根据电脑性能自动调整，品质质量对操作模式下的运行速度有显著影响。但是一些特效，如“阴影”和“灯光”只有在三颗星显示品质的情况下才会在编辑模式中显示。编辑分辨率通常情况下为 100%，调整分辨率会导致画面出现模糊不清，虽然减轻了编辑模式下的卡顿情况，但是不便于操作与观察。最下方为单位设置通常选择国际单位 m，如图 6-15 所示。

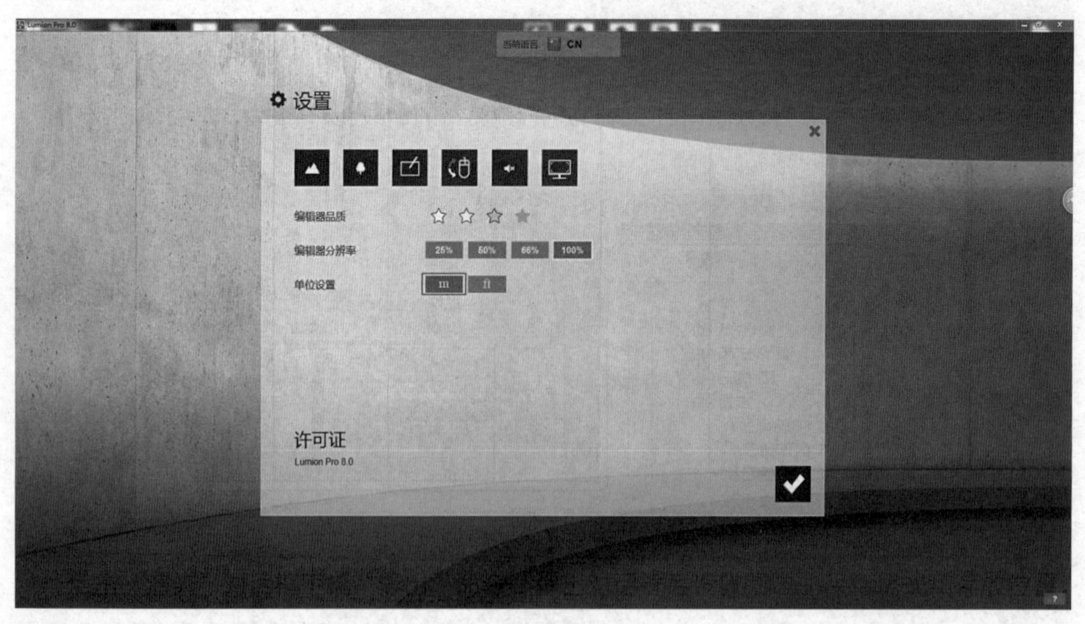

图6-15

6.4　模型导入 Lumion

打开预制样板选择界面，选择一个样板进入编辑模式如图 6-16 所示。

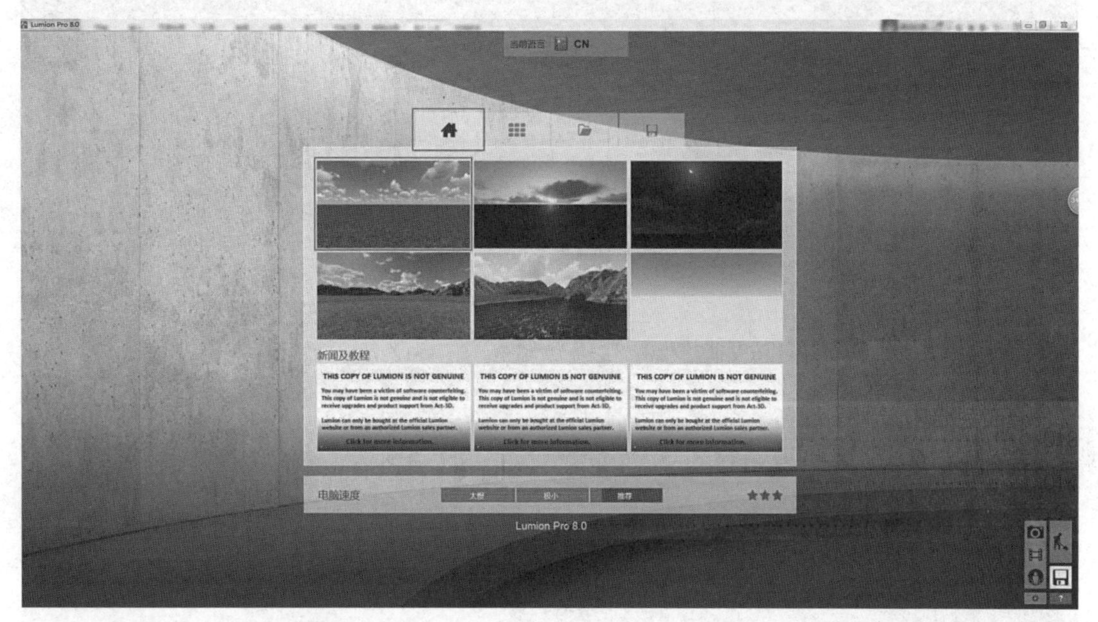

图6-16

进入第一个场景样板后，可以将鼠标悬停右下角问号，系统会出现提示，在界面中的功能都会出现基本的介绍，如图 6-17 所示。

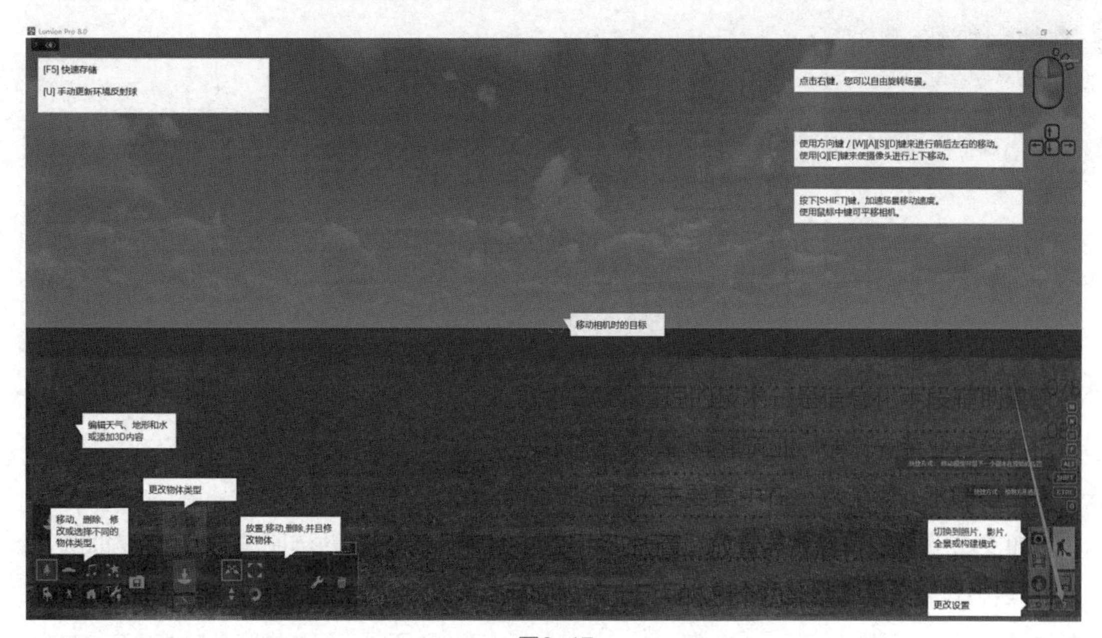

图6-17

导入所需模型：单击物体选项卡，在功能区选择导入功能，点选后上方弹出窗口选择物体与导入新模型，再单击导入新模型，浏览需要导入的文件，即可实现在 lumion 中导入模型，如图 6-18 所示。

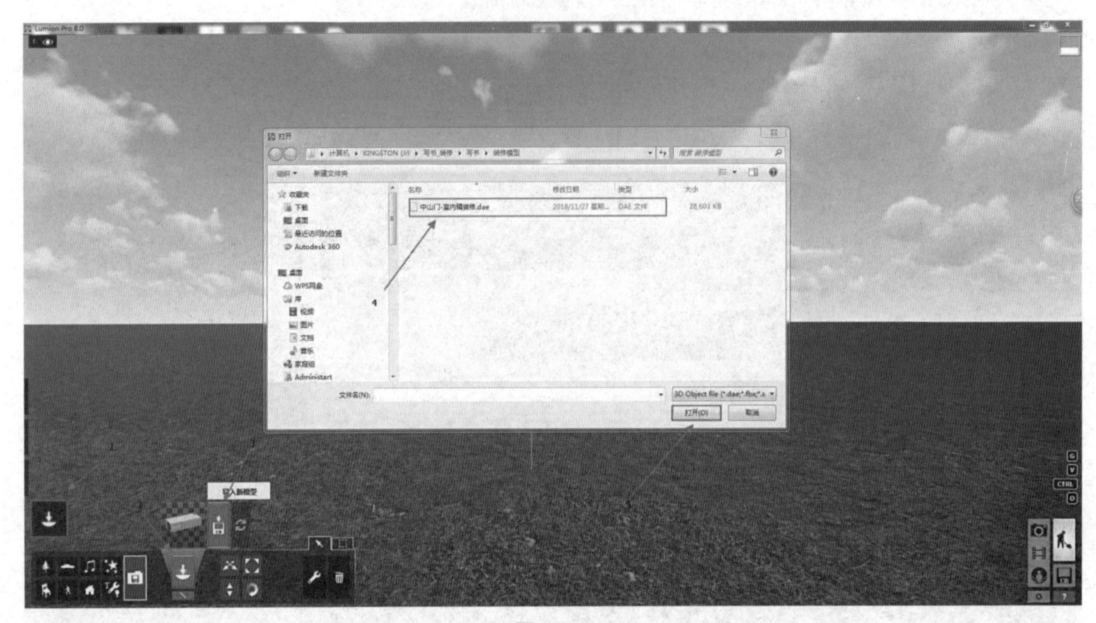

图6-18

选择事先导出 FBX 格式文件，单击打开。弹出导入设置窗口，此处可以更改模型的名称或导入动画，动画则是在 3Dmax 中提前做好的动画。类别为默认不需要更改，单击对勾导入模型，如图 6-19 所示。

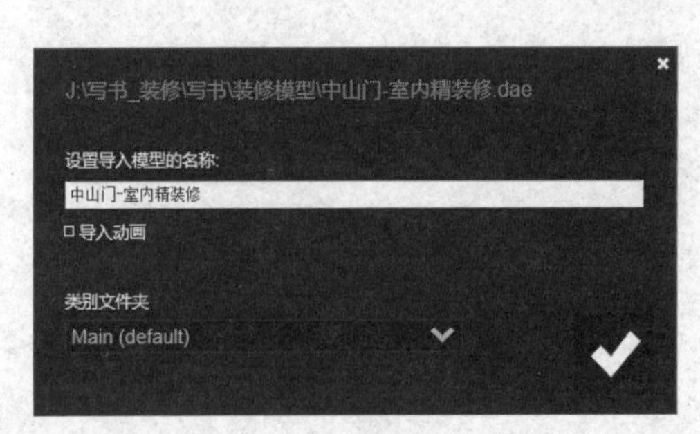

图6-19

回到操作界面，单击地面，就可以把模型放到地面上，如图 6-20 所示。

如发现模型进入地坪下方，则需在控制功能区点击高度移动，选择模型控制点，此控制点就是在 Revit 中的项目基点。鼠标左键单击控制点不放向上拖动，模型则会以 m 为单位的数值进行移动，如图 6-21 所示。

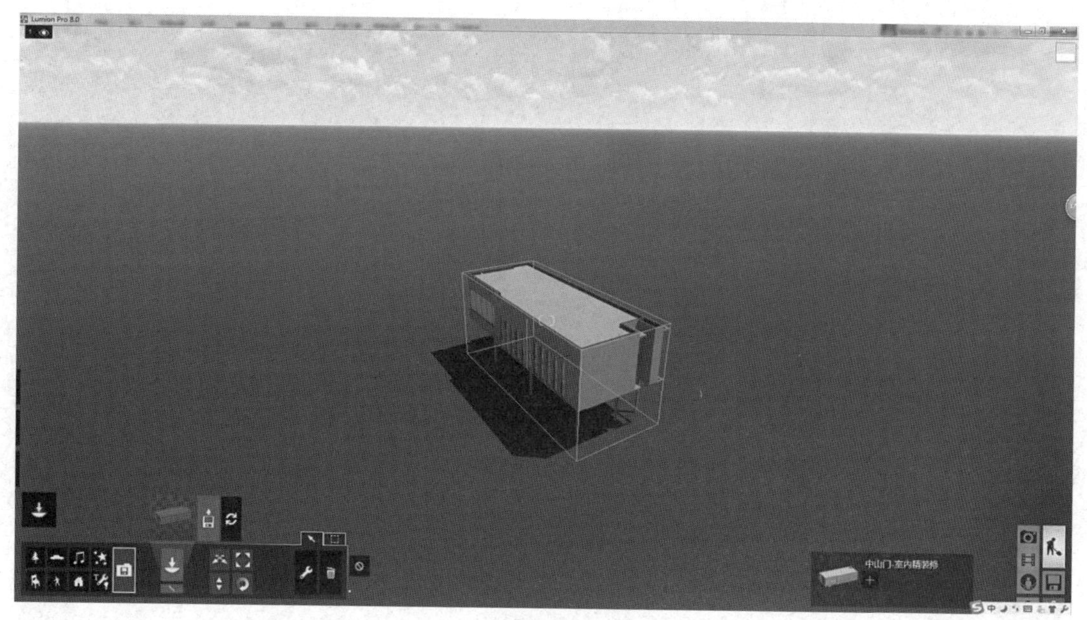

图6-20

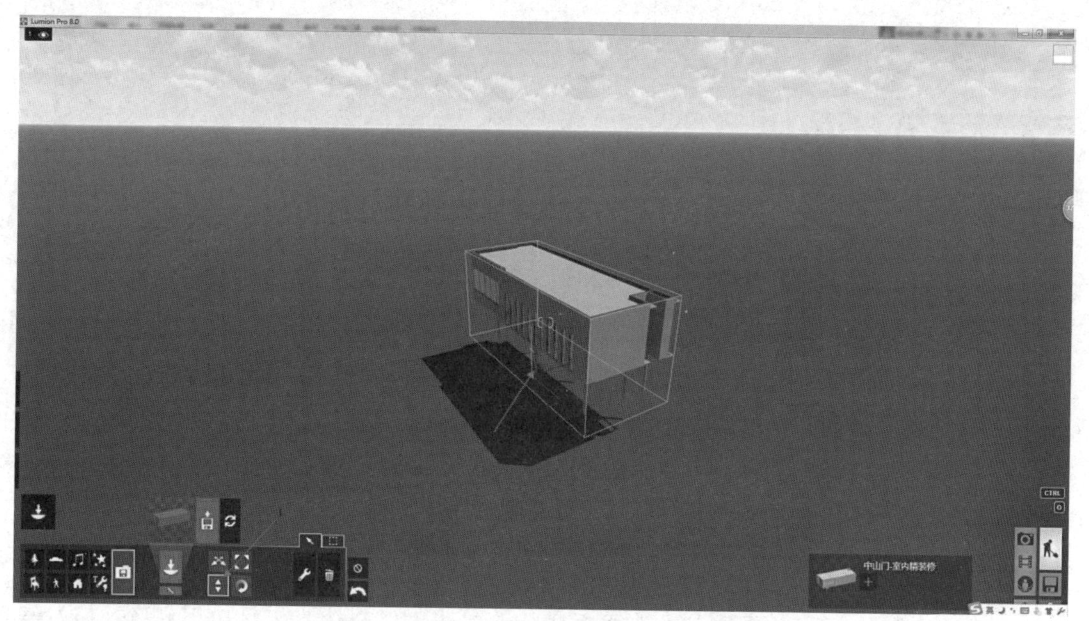

图6-21

6.5　Lumion 文件的保存

单击右下方图标进入保存窗口，给文件添加标题以及详细的内容，然后点击“另存为”保存文件即可，如图 6-22 所示。

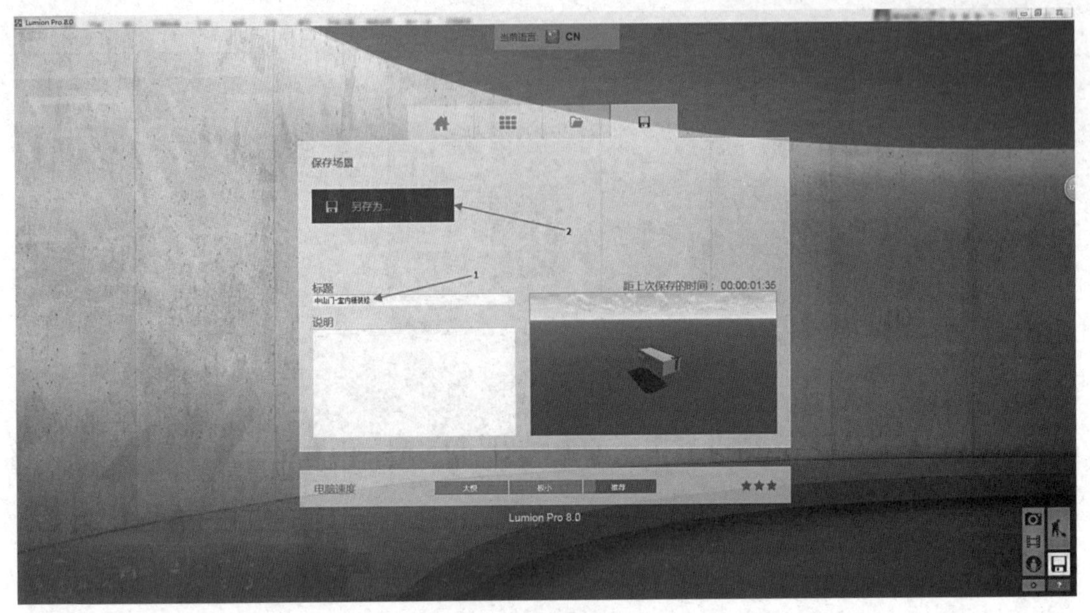

图6-22

6.6 放置物体

1. 放置物体面板

单击放置物体选项卡，系统切换到物体操作面板。

A 面板选择放置物体的类别。

B 面板下方绿色按钮是选择放置物体的方式，上方白色按钮是扩展面板单击后会进入物体浏览界面，可以在其中选择不同样式的同类别物体。

C 面板物体控制功能，移动模型、调整模型尺寸、调整模型高度、调整模型的方向。

D 面板左边为关联菜单，用于模型的选择、筛选模型以及调整模型。右边为删除模型，在 Lumion 中删除模型必须要选择 A 面板中相应的类别，在分类后才可以删除，默认是不显示。但是当选择一个或者多个模型时候，会弹出取消所有选择这个选择到模型控制点删除此模型。最右边功能键，单击后会把当前选择物体全部取消，如图 6-23 所示。

2. 库的选择

单击 A 面板的第二行第二个功能人物，相应的 B 面板模型浏览器会显示出相应物体，单击浏览器弹出物体浏览界面，在这里可以选择不同的模型进行放置。相应类别下方会有多页的模型可以选择。单击一个模型，会自动回到刚刚的操作界面，如图 6-24 所示。

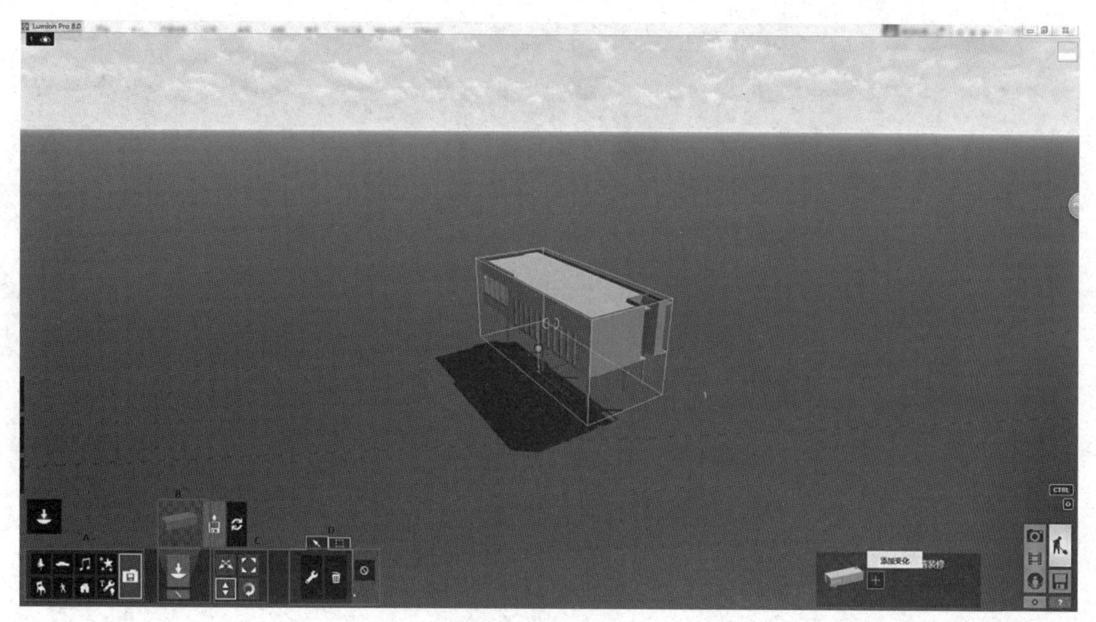

图6-23

图6-24

3. 模型放置

选择好物体后回到编辑界面，单击鼠标左键进行放置。放置完成后可以通过 C 面板对构件进行移动、调整尺寸、高度、方向。在类别选择面板中的 8 个功能键都是系统自带模型库，在其中可以选择模型并使用，如图 6-25 所示。

(a)

(b)

图6-25

6.7 修改材质

单击门窗，给予自定义材质上排的第三玻璃与第四高级玻璃材质。这两种材质的主要区别在于高级玻璃可以调节玻璃的视差、结霜量以及玻璃纹理的缩放，如图 6-26 所示。根据个人爱好，也可修改其他构件材质。

图6-26

6.8　渲染图片

1. 相机模式

构件放置完成，材质修改完成，在右下方相机图标默认为拍照模式，在拍照模式中可以将成果输出为静帧图片，点击选项进入照片模式。

A 面板：特效添加。

B 面板：当前所显示的视点，选择好视点后，单击此功能上方相机图标。

C 面板：功能是视点选择，可以设置相机位置。完成视点保存后，单击 D 绿色照片图标。

D 面板：进行成果输出，如图 6-27 所示。

图6-27

2. 图片导出

单击 D 面板，系统转到成果输出面板，在上方可以选择是输出当前视口的一张图片，还是输出照片集照片集的意思就是在上一个窗口中保存的视点都会被依次输出。下方为输出格式，有 4 种图片格式可以选择，通常情况下选择桌面格式 1920 × 1080 即可，格式越高输出的质量越高，如图 6-28 所示。弹出“另存为”对话框，给个保存的路径（英文）和名称（英文或数字）。

6.9　渲染视频动画

回到主操作界面，单击拍照模式下方的图标录像功能，此功能可以将成果输出为动画

图6-28

格式，单击录像功能进入动画录制界面。单击上方第一个功能即可进入视点选择界面，下方的两个功能分别为加载外部图片以及动画使用如图 6-29 所示。

进入视点选择界面如图 6-30 所示。

图6-29

图6-30

A 为相机视口的高度调节，除了按住 Q/E 键调节和鼠标右键调节以外，还可以通过鼠标点击 A 区域内的上下箭头来调节高度，下方的功能键能将视口改为水平以及将相机高度调整为 3.1m。调整好相机视口后单击 B 相机功能保存当前视点，系统会直接转到下一个视点的保存框，继续选择视点。当视点全部选择完成后单击 C 区域可以预览此视点生成的动画，系统会根据刚刚记录的视点自动生成漫游路线。如果想要调节视频的快慢，可以单击 D 区域中的上下箭头来调节视频时间、节奏。调整完成后单击 E 处对勾，完成动画制作，如图 6-31 所示。

图6-31

选择刚刚完成的动画，上方会出现三个功能键。左边为编辑，选择后会回到编辑视点界面。中间的为渲染当前单个影片。右侧为删除当前动画，双击图标即可删除动画。

确认动画制作完成后，如图 6-32 所示。

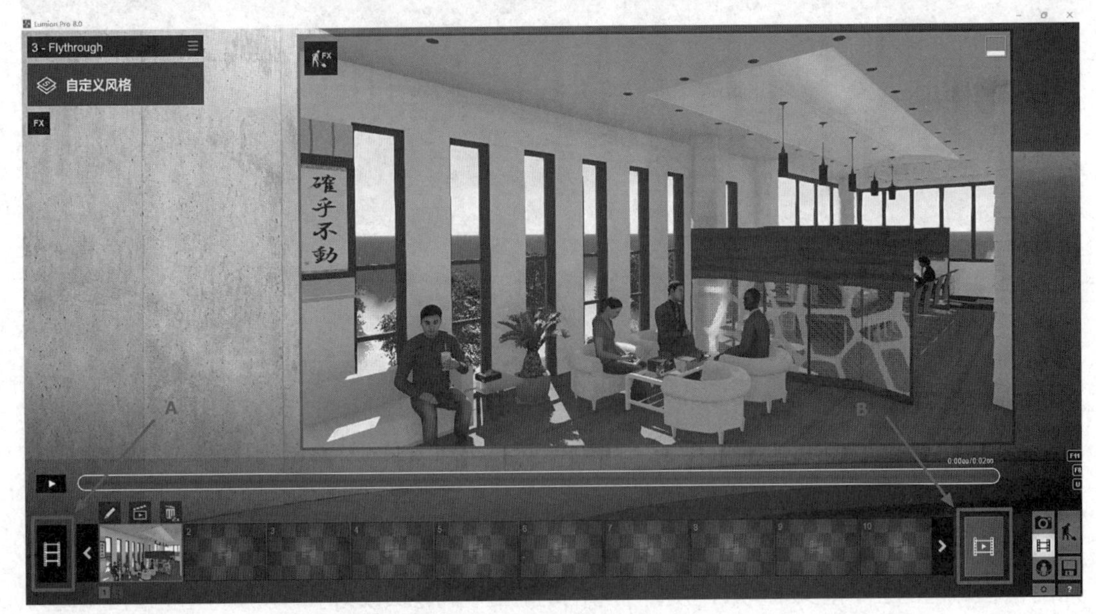

图6-32

6.10 动画预览与输出

可以单击 A 预览整段动画，当制作多个动画时，可以预览整段动画，来观看所有视点动画合起来的整段动画。

B 为渲染功能，也是视频输出的最后一步，完成视频编辑后，点击 B 进行成果输出，界面如图 6-33 所示。

图6-33

上方功能分别为“渲染当前动画为动画格式”“渲染当前窗口为一张静帧图片”“将整个视频渲染为图片格式”“将动画渲染到 lumion 官方网站”。

在每个功能下方都有视频质量的设置选项，可以设置视频的抗锯齿度以及动画帧数。最下方为视频格式，在所有设置都调整好以后，点击需要渲染的格式，弹出“另存为”对话框，选择保存的路径（英文）和名称（英文或数字），进行视频动画的输出。一般情况下渲染的格式选择“全高清 1920×1080”画质，画质分辨率越高输出的成果质量越好，但所需要的渲染时间也会变长。最后成图如图 6-34。

图6-34

附　录

1　全国 BIM 等级考试（中国图学学会）考试大纲及重难点

1）基本知识要求

（1）制图的基本知识；

（2）投影知识。

正投影、轴测投影、透视投影。

2）制图知识

（1）技术制图的国家标准知识（图幅、比例、字体、图线、图样表达、尺寸标注等）；

（2）形体的二维表达方法（视图、剖视图、断面图和局部放大图等）；

（3）标注与注释；

（4）土木与建筑类专业图样的基本知识（例如：建筑施工图、结构施工图、建筑水暖电设备施工图等）。

3）计算机绘图的基本知识

4）计算机绘图基本知识

（1）有关计算机绘图的国家标准知识；

（2）模型绘制；

（3）模型编辑；

（4）模型显示控制；

（5）辅助建模工具和图层；

（6）标注、图案填充和注释；

（7）专业图样的绘制知识；

（8）项目文件管理与数据转换。

5）BIM 建模的基本知识

（1）BIM 基本概念和相关知识；

（2）基于 BIM 的土木与建筑工程软件基本操作技能；

（3）建筑、结构、设备各专业人员所具备的各专业 BIM 参数化。

6）建模与编辑方法；

（1）BIM 属性定义与编辑；

（2）BIM 实体及图档的智能关联与自动修改方法；

（3）设计图纸及 BIM 属性明细表创建方法；

（4）建筑场景渲染与漫游；

（5）应用基于 BIM 的相关专业软件，建筑专业人员能进行建筑性能分析；结构专业人员进行结构分析；设备类专业人员进行管线碰撞检测；施工专业人员进行施工过程模拟等 BIM 基本应用知识和方法；

（6）项目共享与协同设计知识与方法；

（7）项目文件管理与数据转换。

7）考评要求

（1）BIM 技能一级（BIM 建模师，表 1）

BIM建模师技能一级考评表　　表1

考评内容	技能要求	相关知识
工程绘图和BIM建模环境设置	系统设置、新建BIM文件及BIM建模环境设置。	（1）制图国家标准的基本规定（图纸幅面、格式、比例、图线、字体、尺寸标注式样等）。 （2）BIM建模软件的基本概念和基本操作（建模环境设置，项目设置、坐标系定义、标高及轴网绘制、命令与数据的输入等）。 （3）基准样板的选择。 （4）样板文件的创建（参数、构件、文档、视图、渲染场景、导入\导出以及打印设置等）。
BIM参数化建模	1）BIM的参数化建模方法及技能； 2）BIM实体编辑方法及技能。	（1）BIM参数化建模过程及基本方法： 1）基本模型元素的定义； 2）创建基本模型元素及其类型： （2）BIM参数化建模方法及操作； 1）基本建筑形体； 2）墙体、柱、门窗、屋顶、幕墙、地板、天花板、楼梯等基本建筑构件。 （3）BIM实体编辑及操作： 1）通用编辑：包括移动、拷贝、旋转、阵列、镜像、删除及分组等； 2）草图编辑：用于修改建筑构件的草图，如屋顶轮廓、楼梯边界等； 3）模型的构件编辑：包括修改构件基本参数、构件集及属性等。
BIM属性定义与编辑	BIM属性定义及编辑。	（1）BIM属性定义与编辑及操作。 （2）利用属性编辑器添加或修改模型实体的属性值和参数。
创建图纸	1）创建BIM属性表； 2）创建设计图纸。	（1）创建BIM属性表及编辑：从模型属性中提取相关信息，以表格的形式进行显示，包括门窗、构件及材料统计表等。 （2）创建设计图纸及操作： （3）定义图纸边界、图框、标题栏、会签栏； （4）直接向图纸中添加属性表。

续表

考评内容	技能要求	相关知识
模型文件管理	模型文件管理与数据转换技能。	1）模型文件管理及操作。 2）模型文件导入导出。 3）模型文件格式及格式转换。

8）考评内容比重表（表2）

BIM技能一级考评内容比重表　　表2

考评内容	比重
工程绘图和BIM建模环境设置	15%
BIM参数化建模	50%
BIM属性定义与编辑	15%
创建图纸	15%
模型文件管理	5%

2 全国BIM应用技能考试大纲及重难点

1）BIM基础知识及内涵

（1）BIM基本概念、特征及发展：

①掌握BIM基本概念及内涵；

②掌握BIM技术特征；

③熟悉BIM工具及主要功能应用；

④熟悉项目文件管理与数据转换方法；

⑤熟悉BIM模型在设计、施工、运维阶段的应用、数据共享与协同工作方法；

⑥了解BIM的发展历程及趋势。

（2）BIM相关标：

①熟悉BIM建模精度等级；

②了解BIM相关标准：如IFC标准、《建筑工程设计信息模型交付标准》、《建筑工程设计信息模型分类和编码标准》等。

（3）施工图识读与绘制：

①掌握建筑类专业制图标准，如图幅、比例、字体、线型样式 、线型图案、图形样式表达、尺寸标注等；

②掌握正投影、轴视投影、透视投影的识读与绘制方法，掌握形体平面视图、立面视图、剖面视图、断面图、局部放大图的识读与绘制方法。

2）BIM 建模技能

（1）BIM 建模软件及建模环境：

①掌握 BIM 建模的软件 、硬件环境设置；

②熟悉参数化设计的概念与方法；

③熟悉建模流程；

④熟悉相关软件功能。

（2）BIM 建模方法：

①掌握实体创建方法：如墙体、柱、梁、门、窗、楼地板、屋顶与天花板、楼梯、管道、管件、机械设备等；

②掌握实体编辑方法：如移动、复制、旋转、偏移、阵列、镜像、删除、创建组、草图编辑等。

（3）掌握在 BIM 模型生成平、立、剖、三维视图的方法：

①掌握实体属性定义与参数设置方法；

②掌握 BIM 模型的浏览和漫游方法；

③了解不同专业的 BIM 建模方法。

（4）标记、标注与注释：

①掌握标记创建与编辑方法；

②掌握标注类型及其标注样式的设定方法；

③掌握注释类型及其注释样式的设定方法。

（5）成果输出：

①掌握明细表创建方法；

②掌握图纸创建方法、包括图框、基于模型创建的平、立、剖、三维视图、表单等；

③掌握视图渲染与创建漫游动画的基本方法；

④掌握模型文件管理与数据转换方法。

3 Autodesk 全球认证 BIM 工程师证书考试大纲及重难点

考试知识点

（4%）Revit 入门　（2 题）

（4%）体量　（2 题）

（4%）轴网和标高　（2 题）

（8%）尺寸标注和注释　（4 题）

（12%）建筑构件　（6 题）

（10%）结构构件　（5 题）

（10%）设备构件　　　　　　　　（5题）

（2%）场地　　　　　　　　　　（1题）

（10%）族　　　　　　　　　　（5题）

（4%）详图　　　　　　　　　　（2题）

（8%）视图　　　　　　　　　　（4题）

（2%）建筑表现　　　　　　　　（1题）

（4%）明细表　　　　　　　　　（2题）

（4%）工作协同　　　　　　　　（2题）

（2%）分析　　　　　　　　　　（1题）

（2%）组　　　　　　　　　　　（1题）

（2%）设计选项　　　　　　　　（1题）

（8%）创建图纸　　　　　　　　（4题）

1）Revit 入门（2道题）

（1）熟悉 Revit 软件工作界面：功能区、快速访问工具栏、项目浏览器、类型选择器、MEP 预制构件面板、系统浏览器、状态栏、文件选项栏、视图控制栏等；

（2）掌握填充样式、对象样式的相关设置；

（3）了解常规文件选项、图形、默认文件位置、捕捉、快捷键的设置方法；

（4）了解线型样式、注释、项目单位和浏览器组织的设置方法；

（5）了解创建、修改和应用视图样板的方法；

（6）掌握应用移动、复制、旋转、阵列、镜像、对齐、拆分、修剪、偏移等命令对建筑构件编辑的方法；

（7）掌握深度提示的作用和操作方法；

（8）了解基于 Revit 软件的 Dynamo 程序基本功能；

2）体量（2道题）

（1）掌握使用体量工具建立体量模型的方法；

（2）掌握概念体量的建模方法，形状编辑修改方法，表面的分割方法，及表面分割 UV 网格的调整方法；

（3）掌握体量楼层等体量工具提取面积、周长、体积等数据的方法；

（4）掌握从概念体量创建建筑图元的方法；

3）轴网和标高（2道题）

（1）掌握轴网和标高类型的设定方法；

（2）掌握应用复制、阵列、镜像等修改命令创建轴网、标高的方法；

（3）掌握轴网和标高尺寸驱动的方法；

（4）掌握轴网和标高标头位置调整的方法；
（5）掌握轴网和标高标头显示控制的方法；
（6）掌握轴网和标高标头偏移的方法。
4）尺寸标注和注释（4道题）
（1）掌握尺寸标注和各种注释符号样式的设置；
（2）掌握临时尺寸标注的设置调整和使用；
（3）掌握应用尺寸标注工具，创建线性、半径、角度和弧长尺寸标注；
（4）掌握应用“图元属性”和“编辑尺寸界线”命令编辑尺寸标注的方法；
（5）掌握尺寸标注锁定的方法；
（6）掌握尺寸相等驱动的方法；
（7）掌握绘制和编辑高程点标注、标记、符号和文字等注释的方法；
（8）掌握基线尺寸标注和同基准尺寸标注的设置和创建方法；
（9）掌握换算尺寸标注单位，尺寸标注文字的替换及前后缀等设置方法；
（10）掌握云线批注方法；
（11）掌握 Revit 全局参数的作用及使用方法；
（12）掌握轴网和标高关系。
5）建筑构件（6道题）
（1）掌握墙体分类、构造设置、墙体创建、墙体轮廓编辑、墙体连接关系调整方法；
（2）掌握基于墙体的墙饰条、分隔缝的创建及样式调整方法；
（3）掌握柱分类、构造、布置方式、柱与其他图元对象关系处理方法；
（4）掌握门窗族的载入、创建、及门窗相关参数的调整方法；
（5）掌握幕墙的设置和创建方式；
（6）掌握幕墙门窗等相关构件的添加方法；
（7）掌握屋顶的几种创建方式、屋顶构造调整、屋顶相关图元的创建和调整方法；
（8）掌握楼板分类、构造、创建方法及楼板相关图元创建修改方法；
（9）掌握不同洞口类型特点和创建方法、熟悉老虎窗的绘制方法；
（10）掌握楼梯的参数设定和楼梯的创建方法；
（11）掌握坡道绘制方法及相关参数的设定；
（12）掌握栏杆扶手的设置和绘制；
（13）熟悉模型文字和模型线的特性和绘制方法；
（14）掌握房间创建、房间分割线的添加、房间颜色方案和房间明细表的创建；
（15）掌握零件和部件的创建、分割方法和显示控制及工程量统计方法。
6）结构构件（5道题）

（1）了解结构样板和结构设置选项的修改；
（2）熟悉各种结构构件样式的设置；
（3）熟悉结构基础的种类和绘制方法；
（4）熟悉结构柱的布置和修改方法；
（5）熟悉结构墙的构造设置绘制和修改方法；
（6）熟悉梁、梁系统、支撑的设置和绘制方式方法；
（7）熟悉桁架的设置、创建、和修改方法；
（8）熟悉结构洞口的几种创建和修改方法；
（9）熟悉钢筋的几种布置方法；
（10）熟悉结构对象关系的处理，如梁柱链接、墙连接、结构柱和结构框架的拆分等；
（11）熟练掌握钢筋明细表的创建；
（12）掌握受约束钢筋放置、图形钢筋约束编辑、变量钢筋分布；
（13）了解 Revit 钢筋连接的设置和连接件的创建。
7）设备构件（5道题）
（1）掌握设备系统工作原理；
（2）掌握风管系统的绘制和修改方法；
（3）掌握机械设备、风道末端等构件的特性和添加方法；
（4）掌握管道系统的配置；
（5）掌握管道系统的绘制和修改方法；
（6）掌握给排水构件的添加；
（7）掌握电气设备的添加；
（8）掌握电气桥架的配置方法；
（9）掌握电气桥架、线管等构件的绘制和修改方法；
（10）了解材料规格的定义；
（11）熟练掌握管段长度的设置；
（12）了解 Revit 预制构件特点和功能；
（13）熟悉预制构件的设置方法；
（14）掌握预制构件的布置方法；
（15）掌握支架的特点和绘制方法；
（16）掌握设备预制构件优化方法；
（17）掌握预制构件标记的应用方法；
（18）掌握 Revit 中风管、管道和电气保护层系统升降符号的应用。
8）场地（1道题）

（1）熟悉应用拾取点和导入地形表面两种方式来创建地形表面，熟悉创建子面域的方法；

（2）熟悉应用“拆分表面”“合并表面”“平整区域”和“地坪”命令编辑地形；

（3）熟悉场地构件、停车场构件和等高线标签的绘制办法；

（4）掌握倾斜地坪的创建方法。

9）族（5道题）

（1）掌握族、类型、实例之间的关系；

（2）掌握族类型参数和实例参数之间的差别；

（3）了解参照平面、定义原点和参照线等概念；

（4）掌握族创建过程中切线锁和锁定标记的应用；

（5）掌握族注释标记中计算值的应用；

（6）掌握将族添加到项目中的方法和族替换方法；

（7）掌握创建标准构件族的常规步骤；

（8）掌握如何使用族编辑器创建建筑构件、图形/注释构件，如何控制族图元的可见性，如何添加控制符号；

（9）了解并掌握族参数查找表格的概念和应用，以及导入/导出查找表格数据的方法。

（10）掌握报告参数的应用。

10）详图（2道题）

（1）掌握详图索引视图的创建；

（2）掌握应用详图线、详图构件、重复详图、隔热层、填充面域、文字等命令创建详图的方法；

（3）掌握在详图视图中修改构件顺序和可见性的设置方法；

（4）掌握创建图纸详图的方法；

（5）掌握部件和零件的创建方法。

11）视图（4道题）

（1）掌握对象选择的各种方法，过滤器和基于选择的过滤器的使用方法；

（2）掌握项目浏览器中视图的查看方式；

（3）掌握项目浏览器中对象搜索方法；

（4）掌握查看模型的6种视觉样式；

（5）掌握勾绘线和反走样线的应用；

（6）掌握隐藏线在三维视图中的设置应用；

（7）掌握应用“可见性/图形”“图形显示选项”“视图范围”等命令的方法；

（8）掌握平面视图基线的特点和设置方法；

（9）掌握视图类型的创建、设置和应用方法；

（10）掌握创建透视图、修改相机的各项参数的方法；

（11）掌握创建立面、剖面和阶梯剖面视图的方法；

（12）掌握视图属性中参数的设置方法，及视图样板、临时视图样板的设置和应用；

（13）熟悉创建视图平面区域的方法；

（14）掌握创建平立剖面的阴影显示的方法；

（15）掌握使用“剖面框”创建三维剖切图的方法；

（16）掌握“视图属性”命令中“裁剪区域可见”、“隐藏剖面框显示”等参数的设置方法；

（17）掌握三维视图的锁定、解锁和标记注释的方法。

12）建筑表现（1道题）

（1）掌握材质库的使用，材质创建、编辑的方法以及如何将材质赋予物体及材质属性集的管理及应用；

（2）掌握“图像尺寸”“保存渲染”“导出图像”等命令的使用；

（3）熟悉漫游的创建和调整方法；

（4）掌握“静态图像”的云渲染方法；

（5）掌握“交互式全景”的云渲染方法。

13）明细表（2道题）

（1）掌握应用“明细表 / 数量”命令创建实例和类型明细表的方法；

（2）熟悉“明细表 / 数量”的各选项卡的设置，关键字明细表的创建；

（3）掌握合并明细表参数的方法；

（4）了解生成统一格式部件代码和说明明细表的方法；

（5）了解创建共享参数明细表的方法；

（6）了解如何使用 ODBC 导出项目信息。

14）工作协同（2道题）

（1）熟悉链接模型的方法；

（2）熟悉 NWD 文件连接和管理方法；

（3）熟悉如何控制链接模型的可见性以及如何管理链接；

（4）熟悉获取、发布、查看、报告共享坐标的方法；

（5）熟悉如何设置、保存、修改链接模型的位置；

（6）熟悉重新定位共享原点的方法；

（7）熟悉地理坐标的使用方法；

（8）掌握链接建筑和 Revit 组的转换方法；

（9）掌握复制 / 监视的应用方法；

（10）掌握协调 / 查阅的功能和操作方法；

（11）掌握协调主体的作用和操作方法；

（12）掌握碰撞检查的操作方法；

（13）了解启用和设置工作集的方法，包括创建工作集、细分工作集、创建中心文件和签入工作集；

（14）了解如何使用工作集备份和工作集修改历史记录；

（15）了解工作集的可见性设置；

（16）了解 Revit 模型导出 IFC 的相关设置及交互方法。

15）分析（1 道题）

（1）掌握颜色填充面积平面的方法，以及如何编辑颜色方案；

（2）了解链接模型房间面积及房间标记方法；

（3）掌握剖面图颜色填充创建方法；

（4）掌握日照分析基本流程；

（5）掌握静态日照分析和动态日照分析方法；

（6）了解基于 IFC 的图元房间边界定义方法。

16）组（1 道题）

（1）熟悉组的创建、放置、修改、保存和载入方法；

（2）了解创建和修改嵌套组的方法；

（3）了解创建和修改详图组和附加详图组的方法。

17）设计选项（1 道题）

（1）了解创建设计选项的方法，包括创建选项集、添加已有模型或新建模型到选项集；

（2）了解编辑、查看和确定设计选项的方法。

18）创建图纸（4 道题）

（1）掌握创建图纸、添加视口的方法；

（2）了解根据视图查找图纸的方法；

（3）了解通过上下文相关打开图纸视图；

（4）掌握移动视图位置、修改视图比例、修改视图标题的位置和内容的方法；

（5）掌握创建视图列表和图纸列表的方法；

（6）掌握如何在图纸中修改建筑模型；

（7）掌握将明细表添加到图纸中并进行编辑的方法；

（8）掌握符号图例和建筑构件图例的创建；

（9）掌握如何利用图例视图匹配类型；

（10）熟悉标题栏的制作和放置方法；

（11）熟悉对项目的修订进行跟踪的方法，包括创建修订，绘制修订云线，使用修订标记等；

（12）熟悉修订明细表的创建方法。

参考文献

[1] 欧特克官方主页—Revit 新特性 [EB/OL].http：//www.autodesk.com.cn/products/rait/cverview.

[2] 中华人民共和国住房和城乡建设部 . 民用建筑热工设计规范：GB50176—2016[S]. 北京：中国建筑工业出版社，2017.

[3] 中华人民共和国住房和城乡建设部 . 建筑工程工程量清单计价规范：GB50500—2013[S]. 北京：中国计划出版社，2013.

[4] 中国建筑标准设计研究院 . 国家建筑标准设计图集工程做法：05J909[S]. 北京：中国计划出版社，2006.

[5] 中华人民共和国住房和城乡建设部 . 房屋建筑制图统一标准：GB/T50001—2017[S]. 北京：中国建筑工业出版社，2018.